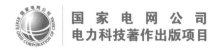

国家电网公司
电力科技著作出版项目

钻石型城市配电网

阮前途　主编

中国电力出版社
CHINA ELECTRIC POWER PRESS

内 容 提 要

为了对标国际先进城市，建设卓越的城市配电网，解决现有城市配电网站间负荷转供能力不足、变电站负载不平衡、线路利用率低、出站通道紧张等问题，本书在参考国内外城市配电网建设经验的基础上，提出了钻石型配电网的概念，分章节阐述了其独特的钻石型结构、优秀的故障治愈策略及强大负荷转供能力，并对上海市钻石型配电网的推广应用与示范实践进行了详细介绍。

本书弥补了我国在城市配电网的建设实践及其理论研究方面的空白，可为上海及同类型城市未来配电网的优化发展提供技术支撑和建设参考，也可作为相关领域学者、工程技术人员以及相关专业学生了解城市配电网理论和工程实践的参考和工具用书。

图书在版编目（CIP）数据

钻石型城市配电网 / 阮前途主编 . —北京：中国电力出版社，2022.11（2023.2 重印）
ISBN 978-7-5198-6595-5

Ⅰ．①钻…　Ⅱ．①阮…　Ⅲ．①城市配电网　Ⅳ．① TM727.2

中国版本图书馆 CIP 数据核字（2022）第 040235 号

出版发行：中国电力出版社
地　　　址：北京市东城区北京站西街 19 号（邮政编码 100005）
网　　　址：http://www.cepp.sgcc.com.cn
责任编辑：王春娟　张冉昕
责任校对：黄　蓓　朱丽芳
装帧设计：郝晓燕
责任印制：石　雷

印　　刷：北京博海升彩色印刷有限公司
版　　次：2022 年 11 月第一版
印　　次：2023 年 2 月北京第二次印刷
开　　本：710 毫米 ×1000 毫米　16 开本
印　　张：16
字　　数：282 千字
印　　数：2001—3500 册
定　　价：98.00 元

编 委 会

编 写 组

前　言

　　城镇化是现代化的必由之路，是我国最大的内需潜力和发展动能所在。当前中国的城镇化正步入城市群时代，其中粤港澳大湾区、长三角、京津冀三大世界级城市群的城镇化水平普遍较高，各城市间联系密切，有力带动了其所在地区的经济发展。配电网作为城市发展的重要基础设施，是联系能源生产和消费的关键枢纽，是服务国家实现"碳达峰、碳中和"目标的坚实平台，是保障和改善民生的重要支柱，对于助推城市化进程和经济结构转型、加快构建以新能源为主体的新型电力系统、服务经济社会发展起着极为关键的作用。

　　不同城市的配电网经过长期的发展演变，往往呈现不同特点。中国超大型城市电网由于起步早、发展快，其面临的问题常常超前于国内其他城市。例如，一方面常规负荷电量增长速度趋缓，但新型负荷（如电动汽车）增长迅猛；另一方面全社会对于电能质量特别是电网可靠性的要求越来越高。因此，仅仅按照原有的电网接线模式不断地新增变配电站站点的惯性发展模式已经不适合这类城市电网，这使得中国城市电网发展来到了一个重要的转型时间窗口。

　　国际先进城市电网的发展轨迹可以为中国城市电网发展提供参考。无论是东京、新加坡还是巴黎，其电网发展阶段都早于中国主要城市，无一例外，这些国际先进城市电网都是通过加强电网网络结构来提高可靠性。同时，为确保电网发展的可持续性，将电网经济性与可靠性置于同等重要的地位。尽管每一座国际先进城市的电网结构都各不相同，但是其核心一定是根据各自电网发展轨迹，结合独有的电网结构特点，因地制宜找到最适合自己城市电网的发展道路。

　　为了适应"卓越全球城市"的建设需求，建设卓越的城市配电网，解决站间负荷转供能力不足、变电站负载不平衡、线路利用率低、出站通道紧张等问题，基于以开关站单环网为主的配电网现状，国网上海市电力公司提出了钻石型城市配电网发展建设思路，加快形成具有首创效应的城市中心地区电网提升模式。

本书从城市配电网发展模式出发，提出转型窗口下的钻石型配电网发展思路，围绕其定义、特征及功能展开了详细描述，同时对其继电保护及自动装置、设备选型及推广应用与实践等方面进行了详细分析，希望在充分总结经验的基础上，为上海及同类型城市未来配电网的优化发展提供技术支撑和建设参考。

由于仓促成文，加之编写人员水平所限，书内难免存在疏漏之处，尚祈专家和读者批评指正！

编者

2022 年 9 月

目　录

第一章　概　　述

　　城市电网是城市范围内为城市供电的各级电压电网的总称，是电力系统的重要组成部分，又是电力系统重要的负荷中心，具有用电量大、负荷密度高、安全可靠和供电质量要求高等特点。城市电网的发展与社会进步和城市经济发展有着密不可分的关系，城市经济的进步需要城市配电网的支撑，城市配电网的发展也为城市经济的进步做出巨大的贡献。作为城市现代化建设的重要基础设施之一，城市电网的各项建设和改造项目必须符合国家的远期发展规划，并与城市的发展特点相互配合。

第一节　中国城市化发展历程

　　城市作为工业文明的发源地，是现代经济的载体，规模效应、集聚效应和扩散效应十分突出，资本、技术、信息等生产要素高度集中。正是由于城市的这种特性，使得城市经济在国民经济和社会发展中占有重要地位，并起着决定性作用。

　　新中国的城市化发展历程迄今大致包括 1949—1957 年城市化起步发展、1958—1965 年城市化曲折发展、1966—1978 年城市化停滞发展、1979—1984 年城市化恢复发展、1985—1991 年城市化稳步发展、1992 年之后城市化快速发展等六个阶段，因此城市规模的划分标准也几经变化。

　　1955 年中华人民共和国国家基本建设委员会《关于当前城市建设工作的情况和几个问题的报告》中首次提出了大、中、小城市的划分标准："50 万人口以上为大城市，50 万人口以下、20 万人口以上为中等城市，20 万人口以下为小城市"。1980年，中国首次参照联合国的标准规定城市人口（中心城区和近郊区非农牧业人口）达到100万以上的城市为特大城市。

2014年11月20日，中华人民共和国国务院发布《关于调整城市规模划分标准的通知》（国发2014第51号文件），新标准按城区常住人口数量将城市划分为五类七档，包括：①超大城市：城区常住人口1000万以上；②特大城市：城区常住人口500万~1000万；③大城市：城区常住人口100万~500万，其中300万以上500万以下的城市为Ⅰ型大城市，100万以上300万以下的城市为Ⅱ型大城市；④中等城市：城区常住人口50万~100万；⑤小城市：城区常住人口50万以下，其中20万以上50万以下的城市为Ⅰ型小城市，20万以下的城市为Ⅱ型小城市。

城镇化率（也称城市化率）是城镇化的度量指标，一般采用人口统计学指标，即城镇人口占总人口（包括农业与非农业）的比重。中国发展研究基金会2019年3月18日在北京发布的《中国城市群一体化报告》中指出：2006—2015年，中国12个城市群（京津冀、长三角、珠三角、成渝、武汉、长株潭、辽中南、哈长、关中、中原、海西及山东半岛城市群）占总人口的比重从61.12%上升到63.07%，增加了1.95个百分点。根据联合国的估测，世界发达国家的城镇化率在2050年将达到86%，中国的城镇化率在2050年也将达到71.2%。可以预见，未来30年，中国的中心城市和城市群将成为承载社会发展要素的主要空间载体，经济发展也从高速增长转型为高质量发展模式。

2006—2015年，中国12个城市群占全国GDP的比重从70.56%上升至82.03%，其中，长三角、京津冀、珠三角三大城市群的经济份额超过40%。到2019年，全国百强城市GDP总量为69.58万亿元，占全国国内生产总值（gross domestic product，GDP）的70.23%。2021年3月十三届全国人大四次会议通过的《中华人民共和国国民经济和社会发展第十四个五年规划和2035年远景目标纲要》提出，实施城市更新行动，促进大中小城市和小城镇协调发展，发挥中心城市和城市群带动作用，建设现代化都市圈。城市经济在国民经济中的"龙头"地位决定了城市电网普遍具有人口密度大、重要用户集中、用电负荷密集的特点。

随着中国城镇化进程的加快和城市经济快速的发展，城市电网规划与建设的要求和标准也在不断提高，必须在遵循经济性、安全性、可靠性原则的基础上，对电网网架结构进行合理设计，才能与城市经济的发展规划相匹配，推动城市经济不断发展。但是与全面加快的电源建设相比，中国城市电网的规划和建设相对滞后的问题也日益凸现，因此需要基于"经济要发展，电力要先行"的原则做好城市电网的建设，才能真正满足中国社会经济发展和人民生活生产的需求。

第二节　中国城市配电网发展历程

城市配电网虽然位于城市电网最末端，但却是连接供电企业与客户的重要桥梁，也是城市重要的基础设施。城市配电网规划的合理性不仅直接影响到工业、居民的供电可靠性和供电公司的投资效益，而且有助于配网运行调度、设备运维检修、营销综合服务等多个部门的业务管理和工作效率。配电网涉及架空线路、地下电缆、杆塔、隔离开关、配电变压器以及相关保护装置等设施。大部分的电网故障都是由配电设施故障而引起的，因此配电网的安全稳定运行对整个电力系统意义重大。

中国的城市配电网是随着城市的发展而逐步发展起来的。从 1882 年上海首先出现公用事业到 1949 年新中国成立的 67 年间，中国的城市电网发展缓慢。1949 年全国发电装机容量仅 185 万 kW，年发电量 43 亿 kWh，主要集中在东北、华北和华东的一些城市。当时全国城市配电网高等级电压为 154kV 和 77kV，基本上是以中、低压供电的简单电网，电压等级繁多，供电可靠性差，线损高达 22% 以上。

建国初期，即 1950—1952 年为国民经济恢复时期和 1953—1957 年第一个五年计划时期。城市配电网得到相应发展，逐渐出现 220、110kV 的高压线路。新建的线路和变电站基本上是和一些重要用电企业同时进行的，电网结构主要是辐射型的，对重要用户一般采用双回线双电源供电，这期间城市电网的发展促进了经济建设的发展。1958 到 1978 年的 20 年间，各大中城市为中心的外环网逐步形成，一些城市分别将低压、中压以及高压配电网分别升压到标准电压，并且通过升压和简化电压层次进行城网改造，增加了供电能力。从 20 世纪 80 年代起，中国各城市电网开始从分析现有城市配电网的状况及负荷增长规律出发，设法解决城市配电网中的薄弱环节，扩大供电能力，加强电网结构布局和设施的标准化，提高供电可靠性。

"十三五"成为中国配电网大发展的重要时期，国家能源局于 2015 年 8 月 31 日发布《配电网建设改造行动计划（2015—2020 年）》，明确提出 2015—2020 年投资超过 2 万亿元、全面加快智能配电网建设。2017—2020 年，国家电网有限公司坚持高起点、高标准，在北京、天津、上海、青岛、南京、苏州、杭州、宁波、福州、厦门10个大型城市建设具备"安全可靠、优质高效、绿色低碳、智能互动"特征的世界一流城市配电网，大力推动各级电网协调发展，实现配电网结构好、设备好、技术好、管理好、服务好，为未来城市配电网发展探索可行路径。一流配电网是指适应当前和未来社会发展需求的配电网，是具有高度自治能力且韧性十足的配电网，也是交直流混合、智能配电网、能源互联网等相互融合的配电网，具有韧性、智能化、友好互动性和多能经济利用的特征。

单纯从城市发展的角度看，中国城市配电网的增长和发展相对滞后于各城市经济的快速增长，进一步导致电网建设受到城市规划变化的影响，使得电网规划难以应对未来的城市规划变化。除此之外，现代城市配电网建设还面临着许多新的挑战，包括频发的极端天气、低碳高效的发展需求以及设备的电力电子化等，这些新的挑战也赋予了城市配电网新的建设内涵和要求，为城市配电网的建设提供了新的建设目标和思路。

第三节　城市配电网建设面临的新挑战

城市配电网是电力系统的重要组成部分，也是城市现代化建设的重要基础设施，事关社会稳定和经济民生。城市配电网具有用电量大、负荷密度高、安全可靠和供电质量要求高等特点，城市配电网建设需要与城市建设紧密配合并同步实施，同时还需要与环境变化相协调，这是现代城市配电网建设发展的必然趋势。

一、应对频发的极端天气事件

2021年1月上旬，北美大部分地区明显偏暖，部分地区平均气温较常年同期偏高超过10℃。但2月13—17日，冬季风暴"乌里"袭击了北美大部地区，致使加拿大南部、美国大部分地区、墨西哥北部遭遇强寒流、极端暴风雪天气。美国中部地区平均最低气温较常年同期偏低8～16℃，其中得克萨斯州地区气温下降至−2～−22℃。极寒天气导致电网瘫痪，美国超过550万家庭断电停电。

而中国2021年的平均气温较常年偏高1.0℃，但气温冷暖起伏显著，极端冷事件和极端暖事件频繁发生。1月6～8日，中国中东部大部地区遭遇强冷空气寒潮袭击，过程降温幅度大、影响范围广、低温极端性强、大风持续时间长，北京、河北、山东、山西等省（市）50余个国家级气象观测站的最低气温达到或突破建站以来最低纪录，北京大部地区最低气温在−24～−18℃，南郊观象台最低气温达−19.6℃，为1951年以来第三低。2020年12月14、16、30日以及

2021 年 1 月 7 日，受寒潮天气影响，导致人们对取暖设备需求增加，全国用电负荷连续 4 次创历史新高，特别是 2021 年 1 月 7 日当天晚高峰创出高点，达 11.89 亿 kW，当天电量 259.67 亿 kWh。

根据国家气候中心的研究，导致 2020 年年底到 2021 年年初中国和北美地区气温波动起伏大，并出现显著的冷暖反差的直接原因是大气环流形势异常，但根本原因是全球变暖加剧了气候系统的不稳定性。国家气候中心提示称："全球变暖导致了气候更加不稳定，极端冷暖事件频繁发生且强度增大或已成为新常态，在未来，我们可能面临更加炎热的夏季、更加猛烈的对流，同时也有更加频繁的冬季寒潮影响。"

二、构建低碳高效的能源体系

2020 年 9 月 22 日，习近平总书记在第七十五届联合国大会一般性辩论上表示，中国将采取更加有力的政策和措施，二氧化碳排放力争于 2030 年前达到峰值，努力争取 2060 年前实现碳中和。2020 年 12 月 21 日，国务院新闻办公室发布《新时代的中国能源发展》白皮书，全面阐述了新时代新阶段中国能源安全发展战略、构建清洁低碳、安全高效能源体系的主要政策和重大举措。作为以煤炭为主、化石能源占很大比重的发展中大国，中国要在 10 年内实现"碳达峰"、40年内实现"碳中和"，任务艰巨。

2020 年 12 月 10 日，中国工程院院士杜祥琬在第三届（2020）中国城市能源变革峰会暨第二届分布式能源生态论坛会议上建议，降低碳排放首先需要提能效降能耗，其次是在一次能源结构中提高非化石能源，特别是可再生能源比例，最后还要增加碳汇并努力研发碳捕捉技术。

截至 2020 年底，国家电网有限公司经营区新能源装机容量达到 4.5 亿 kW，占比 26%，比 2015 年提高 14 个百分点，新能源利用率达到 97.1%。为了实现碳中和的国际承诺，根据《2020 年中国可再生能源展望报告》，中国非化石能源比重未来会持续高速增长，"十五五"达到 34%，"十六五"达到 42%，到 2050年，中国非化石能源比重将提升至 77.6%。

三、电力系统高度电力电子化

开发利用新能源、节能减排、建设新一代电网已成为世界许多国家，包括中国在内的能源发展的重要战略部署，并逐渐产生了以清洁能源替代和以电能替代为主导的能源开发理念，以期提高能源的利用率和应对全球能源环境危机。为适应能源发展战略和新能源利用，未来新一代电力系统将呈现出电源类型多、电能变换形式多、电力变换器数量多以及负荷需求类型多的特点。

电力电子技术起始于 50 年代末、60 年代初的硅整流电子产品，其发展先后经历了整流器时代、逆变器时代和变频器时代，促进了电力电子技术在许多新领域的应用。随着电力系统内部电力电子设备和部件越来越多，它们之间产生了不同于以往的交互作用。例如在配网侧，除了传统的通过电力电子变换器从系统取用电能的无源负荷外，还包含同样经过电力电子变换器接入配网的中小型风力发电和光伏发电等分布式电源（distributed generation，DG）以及由分布式电源、储能、负荷构成的以变换器作为接口的微电网系统。因此未来电网将从传统的发、输、配、荷的垂直单一模式，转变为含多电力电子变换的功率与信息双向流动模式。

从整体来看，源-网-荷的协调控制是新一代电力系统发展的重要趋势和基本特征。随着可再生能源利用的持续深化，电力电子并网装备将显著改变电源的动态行为；在电网侧，特高压直流、柔性直流和柔性交流输电技术广泛应用；在负荷侧，分布式电源、直流配电网和微电网技术蓬勃兴起，智能移动设备和电动运输工具（电动汽车、高铁和电驱舰船）等越发普及；基于电力电子变换技术的整流和逆变成为灵活高效利用电能的重要需求，这势必导致电力系统逐渐走向高度电力电子化。此背景下，新能源发电和储能的大量接入以及用户对供电的多元化需求，促使配电网加快了电力电子化的进程，给智能配电网的运行控制和管理维护带来了一系列新的理论与技术挑战。

电力电子化的电力系统是多类型电源、多电能变换、多电力形态经柔性互联的源-网-荷协调系统，功率在多层复杂网络间双向流动，具备强非线性、高敏感、快变化、冲击性、多能调控特征。电力电子化改变了传统电力系统的源、网、荷的电气参数及特性，新能源发电成为主导能源的进程加快，分散式合作平面化微网群逐渐兴起，高技术、多样性强非线性负荷比例增加，功率变换系统高级技术成为关键，电能输送与信息传递技术正相互融合。电力系统已发展成一个融合了通信系统和人造物理系统的信息物理能量系统（cyber-physical energy system，CPES）。最新研究指出，器-网（变换器-电网）、器-器、网-网之间的交互作用强烈、频繁和复杂。电力电子化已经给配电网的分析设计、稳定运行和电能质量带来重大挑战。

综上，为了适应全球气候的变化并达到碳中和的发展目标，构建以新能源为主体的新型电力系统，城市配电网的运行环境将具有以下的演化趋势：①能源结构多元化，低碳能源尤其是光伏发电、风电等将大范围优化配置，配电网逐步变得"有源"；②生活用能方式、交通用能方式和动力用能方式的改变，使得城市电能消费总量一直呈上升趋势，且不同负荷类型对电能质量和多种电能形式的定制需求也越来越强烈；③负荷峰谷差加剧、随机性增强，负荷调节方式增多、调节能力增强，电力供需主体属性更加模糊；④电力电子化开始改变传统配用电固有的特性，用电领域新的需求为电力电子化变革提供了极大的发展空间，对电力电子技术在用电侧的适应性提出了新要求。

第四节　城市配电网的建设内涵与要求

电网连接电力生产和消费，是重要的网络平台，是能源转型的中心环节，是电力系统碳减排的核心枢纽。随着清洁能源大规模接入，分布式电源、储能、电动汽车、智能用电设备等交互式设施大量使用，以及"大云物移智链"等先进信息技术广泛应用，电网向更加智能化、互动化、高效化发展已成为必然趋势。

为了构建具备"高度电气化的负荷多元互动、基础设施多网融合数字赋能"为特征的新型电力系统，城市配电网在系统结构、控制手段、运营模式、管理策略等方面正在发生巨大的变化，也对城市配电网的建设提出了许多新的内涵和要求，主要体现在以下方面：

（1）更高的供电可靠性。具有抵御自然灾害和人为破坏的能力，能够进行故障的智能处理，最大程度地减少城市电网故障对用户的影响；在主网停电时，能够依托分布式电源、微电网等继续保障重要用户的供电，并具备故障自愈功能。

（2）更优质的电能质量。利用先进的电力电子技术、电能质量在线监测和补偿技术，实现电压、无功的优化控制；实现对电能质量敏感设备的不间断、高质量、连续性供电。

（3）更好的兼容性。支持大量分布式电源、储能装置等的灵活可靠接入，实现分布式电源的"即插即用"，支持微电网的可靠运行，方便电动汽车的充放电，对电力用户更具兼容性。

（4）更强的互动能力。借助于智能表计和用户通信网络，支持用户侧的需求响应，为用户提供更多的附加服务，为降低用户能耗提供便捷的互动平台。

（5）更密切的能源互联模式。多种能源系统紧密互联成为当前世界能源系统的发展趋势，能源系统实现互连可以有效提高能源综合利用效率、资产利用率并减少排放和环境污染。电力作为一种清洁的二次能源必将成为能源互联系统的纽带中心。城市电网需要优化与其他能源系统（如冷热网络、天然气网络、交通网络等）的能源接口，实现高效率能源传输和转化。

（6）更集成的可视化信息系统。实时采集城市电网及其设备运行数据，实现实时运行数据与离线管理数据的高度融合与深度集成，实现设备管理、检修管理、停电管理以及用电管理等的信息化集成，实现城市电网调度与运行管理的一体化。

（7）更高的电网资产利用率。实时、在线监测电网设备状态，通过实施标准化设备评价和状态检修等，延长设备使用寿命；支持城市电网快速仿真和模拟，合理控制潮流，降低损耗，充分利用系统容量；降低投资、减少设备折旧；采用有效的移峰填谷措施。最终显著提高配电设施的资产利用率。

第五节　建设城市配电网灵活电力网架结构的必要性

以新能源为主体的电力系统将发生革命性改变，传统电力系统将向新型电力系统转变。现代城市配电网为了适应新型城市电力系统的建设要求，需要在综合的城市电网规划设计的基础上，采用友好的新型配用电设备构建出现代城市配电网灵活的电力网架结构，结合先进的信息技术实现信息与物理系统的高度融合，再通过高度协调的城市电网运行控制系统为城市的社会和经济发展提供强劲的动力。

由于大型城市电网供电负荷集中、人口密集，一旦停电影响巨大，因此保障大型城市的供电安全性具有重要意义。因而如何建立适合高负荷密度的大型城市受端电网发展的模式，提高城市电网运行的安全性和可靠性，减少电网事故的发生风险，就具有非常重要的研究价值和工程应用价值。

受分布式能源接入、信息与通信技术（information and communications technology, ICT）、电力电子技术等技术的推动，现代城市电网在结构形态上呈现出了多样化的趋势。以城市配电网为例，目前学术上讨论的配电网形态包括传统配电网（被动配电网）、有源配电网（主动配电网）、智能配电网、微电网和能源互联网；按照电能的传输方式，包括直流配电网、交流配电网和交直流混合配电网的形式。其中最受关注的主要是微电网和有源（主动）配电网的概念。微电网是由分布式电源、储能系统、能量转换装置、监控和保护装置、负荷等汇集而成的一类小型发、配、用电系统，既可以与外部电网并网运行，也可以孤立运行，重点强调其自我控制和自我能量管理的自治能力。主动配电网是具备综合控制各种分布式能源（分布式电源、可控负荷、储能、需求侧管理等）能力的配电网络，重点强调其对现代配电网中的各种可控资源，特别是分布式可再生能源发电资源从被动消纳到主动引导与主动利用的转变。微电网和主动配电网均被认为是未来智能配电网的重要组成部分。

除传统配电网外，上述各种形态的电网形式均未形成固化的标准结构模式，但各形态电网均要求未来城市电网的结构更加灵活主动，能够依据电网运行状态、用户用电需求、系统故障等具体场景主动进行网络重构、开闭环运行自由切换以及网络自愈，保证系统正常运行时最大化运行效率、系统故障时最小化停电范围。未来城市电网将很有可能在高压和中压形成基于环形母线的多层级交直流混联、具备统一规范的互联接口、基于复杂网络理论灵活自组网的结构模式。此外，为满足能源互联网实现革新性发展的需求，未来城市电网的拓扑结构也应对互联网拓扑结构的社团、小世界、分形等特征及其实现方式进行合理借鉴，在配电侧能源交易的主体之间，应建立更多样化的连接方式，以服务于能源互联网下的电力平衡和产业形态。

第六节　小　　　结

城市配电网是电力系统的重要组成部分，也是城市现代化建设的重要基础设施，事关社会稳定和经济民生。中国的城市配电网虽然经过长期建设与改造，已取得长足进步，且在系统结构、控制手段、运营模式、管理策略等方面正在发生巨大的变化。但是随着配电网运行环境的变化，城市配电网核心区域负荷转供能力不足、可靠性不高的问题仍然非常突出。以上海电网为例，2017 年，为满足城市配电网更高质量发展要求，解决现状以开关站为核心的单环网架构存在的站间负荷转供能力不足、变电站负载不平衡、线路利用率低和出站通道紧张等问题，国网上海市电力公司积极探寻配电网优化升级之路。在参考国内外城市配电网建设经验的基础上，国网上海市电力公司正式提出了钻石型城市配电网发展建设思路，加快形成了具有首创效应的城市中心地区电网提升模式。

第二章　城市配电网基本理论

城市电网具有用电量大、负荷密度高、安全可靠和供电质量要求高的特点。随着城市规模的不断扩张，城市电网系统将越来越庞大复杂，对安全可靠和供电质量、管理和调度运行技术水平的要求也会更高。

城市配电网是城市范围内为城市供电的各个电压等级电网的总称，它分为输电网、高压配电网、中压配电网和低压配电网。电网电压等级的合理配置是确保配电网发展战略的重要内容之一，也是一项提升电网总体适应性的重要策略，要在保证安全性、可靠性、稳定性的基础上力求经济最优。

城市供电区域划分及区域负荷密度计算，对于了解城市电网现状、进行城市配电网规划有着重要的意义。目前，城市供电区域划分的主要方式为根据城市规划部门提供的用地规划性质结合实际用地情况，将城市用地按类别划分成一个个功能小块，该种方式的核心在于规划与实际的联系，目的在于细致掌握城市的负荷分布。

城市电网供电安全性标准是保证城市电网供电可靠性的基本技术标准。如国家电网有限公司最新的企业标准《配电网规划设计技术导则》（Q/GDW 10738—2020）中就给出了不同等级负荷的供电安全性标准。城市供电可靠性是指城市供电系统对用户持续供电的能力。城市配电系统供电可靠性高既是电力用户的需要，也是供电企业自身发展的目标。城市供电中断，不但会造成巨大的经济损失，而且会影响人民的生活和社会的安定。随着经济的迅速发展和人民生活水平的不断提高，用户对城市配电系统供电可靠性的要求也越来越高。为了提高城市配电网的供电可靠性和电能质量，提高对用户的服务质量，提高供电企业自身的经济效益，城市配电网的设施设备或者其功能也发生着改变。

因此本章重点介绍城市配电网电压等级划分、供电区域划分、供电可靠性和安全性，以及为了更好地理解后续的章节内容，附录中给出了城市配电网相关设施设备等基础的知识和概念以供参考。

第一节 城市配电网电压序列配置

配电网直接面向终端客户，是保障电力能源"落得下、配得出、用得上"的关键环节。而城市配电网是城市范围内为城市供电的各个电压等级电网的总称。

电网电压序列配置要考虑多方面因素，一般需要遵循的原则是：减少网损、减少初始投资、减少供电走廊、减少供电污染、提高供电可靠性和安全性还要利于维护。

电网电压序列的综合评估，既要借鉴专家经验，并结合当地供电区域的实际情况，又要依据当地配电网定性定量数据，做出适合本地电网电压序列的合理配置。中国主要的配电电压序列如下：

（1）220（330）/110/10/0.38kV；

（2）220/66/10/0.38kV；

（3）220/35/10/0.38kV；

（4）220（330）/110/35/10/0.38kV；

（5）220（330）/110/35/0.38kV。

随着电力负荷需求的增大及供电区负荷密度不断增大，要求城市电网具备很强的功率接纳和配出能力，这就要求提升城市电网电压序列。由城市电网发展情况可知，国外城市电网均普遍经历了高电压进入负荷中心、简化电压序列、提升配电电压的过程。

世界各国城市电网采用的额定电压及电压序列不尽相同。据统计，发达国家大多数采用五级电压序列，一些高负荷密度城市采用四级电压序列。国外部分发达国家的城市电网电压序列如表 2-1 所示。

表 2-1   国外部分城市电网电压序列情况

国家	城市	电压序列（kV）
法国	巴黎	400/225/20/0.4
意大利	罗马 米兰	380/150（120）/20/0.4 380/220/110/10/0.4 380/220/23/9/0.4
德国	柏林	380/220/110/10/0.4 380/220/110/20/0.4 380/220/110/6/0.4

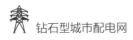

国家	城市	电压序列（kV）
英国	伦敦	400/225/132/11/0.4
美国	纽约	345/138/25（33）
韩国	首尔	765/345/154/22.9/0.4
日本	东京	500/275/66/22/0.1（0.4） 500/275/66/6.6/0.1（0.4） 500/154/22/6.6/0.1（0.4）

由表 2-1 可知，国外城市电网普遍在城区负荷密度大的地方采用较高电压等级直接供电，即高电压序列（220kV 以上）接入负荷中心，这在经济和技术上都有很大优势。因此，中国城市电网应简化电压等级，减少变压层次；大中城市的城网电压等级宜为 4~6 级，小城市宜为 3~4 级。城市电网的电压序列中电压等级的选择应符合国家标准《标准电压》（GB/T 156—2017）。对现有城市电网中存在的非标准电压等级，应限制发展、合理利用并逐步改造。城市电网按照电压高低一般分为输电网、高压配电网、中压配电网和低压配电网。原则上，输电电压为 220kV 及以上，高压配电电压为 110、66、35kV，中压配电电压为 20、10kV，低压配电电压为 380/220V。考虑到大型及特大型城市近年来电网的快速发展，中压配电电压可扩展至 35kV，高压配电电压可扩展至 220、330kV 乃至 500kV。

第二节　城市配电网供电区域划分

中国幅员辽阔，供电面积广大，各地经济社会发展情况和电网特点差异明显。若按照统一的标准建设配电网，会造成设备资产利用率不高甚至严重浪费的情况，在技术、经济上不合理。

2009 年《国家电网公司"十二五"配电网规划（技术原则）指导意见》只是按照行政类别将供电区域划分为 A、B、C、D 4 类，未给出供电区域划分的量化依据。2012 版《配电网规划设计技术导则》（Q/GDW 1738—2012）和 2016 版《配电网规划设计技术导则》（DL/T 5729—2016）将供电区域划分为 A+、A、B、C、D、E 6 类，具体如表 2-2 所示。

2020 版《配电网规划设计技术导则》（Q/GWD 10738—2020）中进一步说明供电区域划分是配电网差异化规划的重要基础，主要依据饱和负荷密度，也可

参考行政级别、经济发达程度、城市功能定位、用户重要程度、用电水平、GDP
等因素确定，并符合下列规定：

表 2-2　　　　　　　　　　规划供电区域划分表

供电区域		A+	A	B	C	D	E
行政级别	直辖市	市中心区或 $\sigma \geqslant 30$	市区或 $15 \leqslant \sigma < 30$	市区或 $6 \leqslant \sigma < 15$	城镇或 $1 \leqslant \sigma < 6$	乡村或 $0.1 \leqslant \sigma < 1$	—
	省会城市、计划单列市	核心区 $\sigma \geqslant 30$	市中心区或 $15 \leqslant \sigma < 30$	市区或 $6 \leqslant \sigma < 15$	城镇或 $1 \leqslant \sigma < 6$	乡村或 $0.1 \leqslant \sigma < 1$	—
	地级市（自治州、盟）	—	$\sigma \geqslant 15$	市中心区或 $6 \leqslant \sigma < 15$	市区、城镇或 $1 \leqslant \sigma < 6$	乡村或 $0.1 \leqslant \sigma < 1$	牧区
	县（县级市、旗）	—	—	$\sigma \geqslant 6$	城镇或 $1 \leqslant \sigma < 6$	乡村或 $0.1 \leqslant \sigma < 1$	

注　1. σ 为供电区域的负荷密度（MW/km²）。
　　2. 供电区域面积不宜小于 5km²。
　　3. 计算负荷密度时，应扣除 110（66）kV 及以上电压等级的专线负荷，以及高山、戈壁、荒漠、水域、森林等无效供电面积。
　　4. A+、A 类区域对应中心城市（区），B、C 类区域对应城镇地区，D、E 类区域对应乡村地区。
　　5. 供电区域划分标准可结合区域特点适当调整。

（1）供电区域面积不宜小于 5km²。

（2）计算饱和负荷密度时，应扣除 110（66）kV 及以上电压等级的专线负
荷，以及高山、戈壁、荒漠、水域、森林等无效供电面积。

（3）A+、A、B、C、D、E 6 类主要分布地区在实际划分时应综合考虑其
他因素。2012 版《配电网规划设计技术导则》（Q/GDW 1738—2012）中对各类
供电区域供电可靠性的要求如表 2-3 所示。

表 2-3　　　　　　　各类供电区域的供电可靠性（RS-3）规划目标

供电区域	供电可靠性（RS-3）	综合电压合格率
A+	用户年平均停电时间不高于 5min（≥99.999%）	≥99.99%
A	用户年平均停电时间不高于 52min（≥99.990%）	≥99.98%
B	用户年平均停电时间不高于 3h（≥99.965%）	≥99.95%
C	用户年平均停电时间不高于 9h（≥99.897%）	≥99.70%
D	用户年平均停电时间不高于 15h（≥99.828%）	≥99.30%
E	不低于向社会承诺的指标	不低于向社会承诺的指标

注　1. RS-3 计及故障停电和预安排停电（不计系统电源不足导致的限电）。
　　2. 用户年平均停电次数目标宜结合配电网历史数据与用户可接受水平制定。
　　3. 各类供电区域宜由点至面、逐步实现相应的规划目标。

2016 版《配电网规划设计技术导则》（DL/T 5729—2016）中给出的关于供电可靠性的指标和表 2-3 有少许的差别，其中 RS-3 和 RS-1 的计算方式也稍有不同，具体指标如表 2-4 所示。在 2020 版《配电网规划设计技术导则》（Q/GDW 10738—2020）中则明确说明表 2-4 的指标是各类供电区域达到饱和负荷时的规划目标平均值。

表 2-4　　　　　　　　各类供电区域的供电可靠性 RS-1 目标

供电区域	供电可靠率（RS-1）	综合电压合格率
A+	用户平均停电时间不高于 5min（≥99.999%）	≥99.99%
A	用户平均停电时间不高于 52min（≥99.990%）	≥99.97%
B	用户平均停电时间不高于 3h（≥99.965%）	≥99.95%
C	用户平均停电时间不高于 12h（≥99.863%）	≥98.79%
D	用户平均停电时间不高于 24h（≥99.726%）	≥97.00%
E	不低于向社会承诺的指标	不低于向社会承诺的指标

注　1. RS-1 计及故障停电、预安排停电及系统电源不足限电影响。
　　2. 用户年平均停电次数目标宜结合配电网历史数据与用户可接受水平制定。

总之，供电区域划分应在省级公司指导下统一开展，在一个规划周期内（一般 5 年）供电区域类型应相对稳定。在新规划周期开始时调整的，或有重大边界条件变化需在规划中期调整的，应专题说明。且配电网规划应根据各类供电区域的供电可靠性目标、分期目标和现状指标的差距，并结合地区特点，通过技术经济分析，提出改善供电可靠性的措施和方案。

除了供电区域外，在配电网规划中还需要注意供电分区、供电网格以及供电单元的划分。

供电分区是开展高压配电网规划的基本单位，主要用于高压配电网变电站布点和目标网架构建。供电分区宜衔接城乡规划功能区、组团等区划，结合地理形态、行政边界进行划分，规划期内的高压配电网网架结构完整、供电范围相对独立。供电分区一般可按县（区）行政区划划分，对于电力需求总量较大的市（县），可划分为若干个供电分区，原则上每个供电分区负荷不超过 1000MW。

供电网格是开展中压配电网目标网架规划的基本单位。在供电网格中，按照各级协调、全局最优的原则，统筹上级电源出线间隔及网格内廊道资源，确定中压配电网网架结构。供电网格的供电范围应相对独立，供电区域类型应统一，电网规模应适中，饱和期宜包含 2～4 座具有中压出线的上级公用变电站（包括有直接中压出线的 220kV 变电站），且各变电站之间具有较强的中压联络。

供电单元是配电网规划的最小单位，是在供电网格基础上的进一步细分。在供电单元内，根据地块功能、开发情况、地理条件、负荷分布、现状电网等情况，规划中压网络接线、配电设施布局、用户和分布式电源接入，制定相应的中压配电网建设项目。供电单元的划分应综合考虑饱和期上级变电站的布点位置、容量大小、间隔资源等影响，饱和期供电单元内以 1～4 组中压典型接线为宜，并具备 2 个及以上主供电源。正常方式下，供电单元内各供电线路宜仅为本单元内的负荷供电。

不管是供电分区、供电网格还是供电单元的划分，都应相对稳定、不重不漏，具有一定的近远期适应性，划分结果应逐步纳入相关业务系统中。

第三节　配电网典型网架结构

电网建设主要包括以下方面：变电站建设、线路建设型式、电网结构、配电自动化及通信方式等。合理的电网结构是满足电网安全可靠、提高运行灵活性、降低网络损耗的基础。高压、中压和低压配电网三个层级之间，以及与上级输电网（220kV 或 330kV 电网）之间，应相互匹配、强简有序、相互支援，以实现配电网技术经济的整体最优。

配电网的拓扑结构包括常开点、常闭点、负荷点、电源接入点等，在规划时需合理配置，以保证运行的灵活性。各电压等级配电网的主要结构如下：

（1）高压配电网结构应适当简化，主要有链式、环网和辐射结构；变电站接入方式主要有 T 接和 Π 接等。

（2）中压配电网结构应适度加强、范围清晰，中压线路之间联络应尽量在同一供电网格（单元）之内，避免过多接线组混杂交织，主要有双环式、单环式、多分段适度联络、多分段单联络、多分段单辐射结构。

（3）低压配电网以配电变压器或配电室的供电范围实行分区供电，结构应尽量简单，一般采用辐射结构。

在电网建设的初期及过渡期，可根据供电安全准则要求和实际情况，适当简化目标网架作为过渡电网结构。

为了使配电网建设标准化和规范化，针对不同的供电区域类型，2020 版《配电网规划设计技术导则》（Q/GDW 10738—2020）给出了推荐的高压配电网典型接线模式，如表 2-5 所示。

表 2-5   高压配电网目标电网结构推荐表

供电区域类型	目标电网结构
A+、A	双辐射、多辐射、双链、三链
B	双辐射、多辐射、双环网、单链、双链、三链
C	双辐射、双环网、单链、双链、单环网
D	双辐射、单环网、单链
E	单辐射、单环网、单链

对于表 2-5 中的 A+、A、B 类供电区域宜采用双侧电源供电结构，不具备双侧电源时，应适当提高中压配电网的转供能力；在中压配电网转供能力较强时，高压配电网可采用双辐射、多辐射等简化结构。B 类供电区域双环网结构仅在上级电源点不足时采用。D、E 类供电区域采用单链、单环网结构时，若接入变电站数量超过 2 个，可采取局部加强措施。

各类供电区域中压配电网目标电网结构可参考表 2-6 确定。

表 2-6   中压配电网目标电网结构推荐表

线路类型	供电区域类型	目标电网结构
电缆网	A+、A、B	双环式、单环式
	C	单环式
架空网	A+、A、B、C	多分段适度联络、多分段单联络
	D	多分段单联络、多分段单辐射
	E	多分段单辐射

网格化规划区域的中压配电网应根据变电站位置、负荷分布情况，以供电网格为单位，开展目标网架设计，并制定逐年过渡方案。表 2-6 中，中压电缆线路宜采用环网结构，环网室（箱）、用户设备可通过环进环出方式接入主干网；中压架空线路主干线应根据线路长度和负荷分布情况进行分段（一般分为 3 段，不宜超过 5 段）并装设分段开关，且不应装设在变电站出口首端出线电杆上；中压架空线路联络点的数量根据周边电源情况和线路负载大小确定，一般不超过 3 个联络点，架空网具备条件时，宜在主干线路末端进行联络。

除了电网结构方面的标准外，各类型供电区域配电网的变电站、线路、电网结构、馈线自动化以及通信方式的建设标准宜符合表 2-7 的要求。

表 2-7 中各供电区域的电网结构，应根据供电区域类型、负荷密度及负荷性

质、供电可靠性要求等，结合上级电网网架结构、本地区电网现状及廊道规划进行合理选择，或根据地方的需要进行适当的修改和调整，形成具有地方特色的接线模式，因此本书的第三章将对国内外城市已有的配电网典型接线模式及其特点进行分析和比较。

表 2-7　　　　　　　　各类供电区域配电网建设的基本参考标准

供电区域类型	变电站			线路				电网结构		馈线自动化方式	通信方式
	建设原则	变电站型式	变压器配置容量	建设原则	线路导线截面选用依据	35～110kV线路型式	10kV线路型式	35～110kV电网	10kV电网		
A+、A	土建一次建成，变压器可分期建设	户内或半户内站	大容量或中容量	廊道一次到位，导线截面一次选定	电缆或架空线	电缆或架空线	电缆为主架空线为辅	链式为主	环网为主	集中式或智能分布式	光纤通信为主，无线通信作为补充
B					以安全电流裕度为主，用经济载荷范围校核	架空线，必要时电缆	架空线，必要时电缆			集中式、智能分布式或就地型重合式	
C		半户内或户外站	中容量或小容量			架空线	架空线，必要时电缆	链式、环网为主		故障监测方式或就地型重合式	光纤通信、无线通信相结合
D		户外或半户内站	小容量		以允许压降作为依据	架空线	架空线	辐射、环网、链式	环网、辐射		无线通信为主
E					以允许压降为主，用机械强度校核	架空线	架空线	辐射式为主	辐射式为主	故障监测方式	

注　1. 110kV 变电站中，63MVA 及以上变压器为大容量变压器，50MVA、40MVA 为中容量变压器，31.5MVA 及以下变压器为小容量变压器。35kV 变电站中，20MVA 以上为大容量，20MVA、10MVA 为中容量，10MVA 以下为小容量。
　　2. 户内变电站布置方式：主变压器、配电装置为户内布置，设备采用气体绝缘金属封闭开关设备形式。半户内变电站布置方式：主变压器为户外布置，配电装置为户内布置。户外变电站布置方式：主变压器、配电装置均为户外布置。

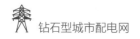

第四节 城市配电网供电安全要求

随着近年来中国城市建设步伐的加快，用电负荷正以非均匀模式快速增长。在此形势下，如何增强配电系统抵御故障并持续运行的能力、提高电网安全运行水平便成为中国配电系统建设的重中之重。

一、城市配电网供电安全准则

配电网的供电安全水平是指配电网在运行中承受故障扰动（如失去元件或发生短路故障）的能力，其评价指标是某种停运条件下（通常指 N-1 或 N-1-1 停运后）的供电恢复容量和供电恢复时间。

《配电网规划设计技术导则》（Q/GDW 10738—2020）中对供电安全准则的描述是：A+、A、B、C 类供电区域高压配电网及中压主干线应满足 N-1，A+ 类供电区域按照供电可靠性的需求，可选择性满足 N-1-1。N-1-1 停运后的配电网供电安全水平可因地制宜制定。

N-1 停运和 N-1-1 停运的含义如下：

（1）N-1 停运对于高压配电网是指电网中的一台变压器或一条线路故障或计划退出运行；对于中压配电网是指线路中的一个分段（包括架空线路的一个分段、电缆线路的一个环网单元或一段电缆进线本体）故障或计划退出运行。

（2）N-1-1 停运对于高压配电网是指一台变压器或一条线路计划停运情况下，同级电网中相关联的另一台变压器或一条线路因故障退出运行；对于 10kV 配电网，一般不考虑 N-1-1 停运。计划停运一般不安排在负荷高峰时期。

对于高压配电网，"满足 N-1"指高压配电发生 N-1 停运时，电网能保持稳定运行和正常供电，其他元件不应超过事故过负荷的规定，不损失负荷，电压和频率均在允许的范围内，具体如下：

（1）对于过渡时期仅有单回线路或单台变压器的供电情况，允许线路或变压器故障时，损失部分负荷。

（2）A+、A、B、C 类供电区域高压配电网本级不能满足 N-1 时，应通过加强中压线路站间联络提高转供能力，以满足高压配电网供电安全准则。

（3）110kV 及以下变电站供电范围宜相对独立。可根据负荷的重要性在相邻变电站或供电片区之间建立适当联络，保证在事故情况下具备相互支援的能力。

对于中压配电网的供电安全准则，"满足 N-1"指中压配电网发生 N-1 停运时，非故障段应通过继电保护自动装置、自动化手段或现场人工倒闸尽快恢复供电，故障段在故障修复后恢复供电。

低压配电网的供电安全准则为：

（1）低压配电网中，当一台配电变压器或低压线路发生故障时，应在故障修复后恢复供电，但停电范围仅限于配电变压器或低压线路故障所影响的负荷。

（2）低压配电网不宜分段，且不宜与其他台区低压配电网联络。

（3）重要电力用户配电站的低压配电装置可相互联络，故障或检修状态下互为转供。

需要注意的是，N-1停运和N-1-1停运与《电力系统安全稳定导则》（GB 38755—2019）中的N-1原则的区别主要是使用场合有所不同。《电力系统安全稳定导则》（GB 38755—2019）中的N-1原则指的是在正常运行方式下的电力系统中任一元件（如发电机、交流线路、变压器、直流单极线路、直流换流器等）无故障或因故障断开，电力系统能保持稳定运行和正常供电，其他元件不过负荷，且系统电压和频率均在允许的范围之内。该原则用于电力系统静态安全分析（任一元件故障断开）或动态安全分析（任一元件故障后断开的电力系统稳定性分析），如果当发电厂仅有一回送出线路时，送出线路故障可能导致失去一台及以上发电机组，此种情况也按N-1原则考虑。

二、城市配电网供电安全量化要求

配电网供电安全标准的一般原则为：接入的负荷规模越大、停电损失越大，其供电可靠性要求越高、恢复供电时间要求越短。但是随着配电网结构的逐步加强、设备状况的改善、自动化水平的提升，以及用户对供电可靠性要求的提高，有必要提出恢复供电容量和时间的定量要求。参照英国电网供电安全标准ER P2/5（engineering recommendation p2/5）的制定原理，结合中国配电网现状和未来发展趋势，2020版《配电网规划设计技术导则》给出了适合中国配电网供电安全水平的等级及其量化要求，如表2-8所示。

表2-8　　　　　　　　　　配电网的供电安全水平

供电安全等级	组负荷范围	对应范围	N-1停运后停电范围及恢复供电时间要求
第一级	≤2MW	低压线路、配电变压器	维修完成后恢复对组负荷的供电
第二级	2～12MW	中压线路	a）3h内：恢复负荷≥组负荷−2MW； b）维修完成后：恢复对组负荷的供电
第三级	12～180MW	变电站	a）15min内：恢复负荷≥min①（组负荷−12MW，2/3组负荷）； b）3h内：恢复对组负荷的供电

注　① 此处min指取最小值。

表中组负荷指的是负荷组（由单个或多个供电点构成的集合）的最大负荷。各级供电安全水平具体要求说明如下：

（一）第一级供电安全水平要求

（1）对于停电范围不大于 2MW 的组负荷，允许故障修复后恢复供电，恢复供电的时间与故障修复时间相同。

（2）该级停电故障主要涉及低压线路故障、配电变压器故障，或采用特殊安保设计（如分段及联络开关均采用断路器，且全线采用纵差保护等）的中压线段故障。停电范围仅限于低压线路、配电变压器故障所影响的负荷或特殊安保设计的中压线段，中压线路的其他线段不允许停电。

（3）该级标准要求单台配电变压器所带的负荷不宜超过 2MW，或采用特殊安保设计的中压分段上的负荷不宜超过 2MW。

（二）第二级供电安全水平要求

（1）对于停电范围在 2～12MW 的组负荷，其中不小于组负荷减 2MW 的负荷应在 3h 内恢复供电；余下的负荷允许故障修复后恢复供电，恢复供电时间与故障修复时间相同。

（2）该级停电故障主要涉及中压线路故障，停电范围仅限于故障线路所供负荷，A＋类供电区域的故障线路的非故障段应在 5min 内恢复供电，A 类供电区域的故障线路的非故障段应在 15min 内恢复供电，B、C 类供电区域的故障线路的非故障段应在 3h 内恢复供电，故障段所供负荷应小于 2MW。可在故障修复后恢复供电。

（3）该级标准要求中压线路应合理分段，每段上的负荷不宜超过 2MW，且线路之间应建立适当的联络。

（三）第三级供电安全水平要求

（1）对于停电范围在 12～180MW 的组负荷，其中不小于组负荷减 12MW 的负荷或者不小于 2/3 的组负荷（两者取小值）应在 15min 内恢复供电，余下的负荷应在 3h 内恢复供电。

（2）该级停电故障主要涉及变电站的高压进线或主变压器，停电范围仅限于故障变电站所供负荷，其中大部分负荷应在 15min 内恢复供电，其他负荷应在 3h 内恢复供电。

（3）A＋、A 类供电区域故障变电站所供负荷应在 15min 内恢复供电；B、C 类供电区域故障变电站所供负荷，其大部分负荷（不小于 2/3）应在 15min 内恢复供电，其余负荷应在 3h 内恢复供电。

（4）该级标准要求变电站的中压线路之间宜建立站间联络，变电站主变压器及高压线路可按 N-1 原则配置。

为了满足上述三级供电安全标准，配电网规划应从电网结构、设备安全裕度、配电自动化等方面综合考虑，为配电运维抢修缩短故障响应和抢修时间奠定基础。高压配电网可采用 N-1 原则配置主变压器和高压线路；中压配电网可采取线路合理分段、适度联络，以及配电自动化、不间断电源、备用电源、不停电作业等技术手段；低压配电网（含配电变压器）可采用双配电变压器配置或移动式配电变压器的方式。

当 A+、A、B、C 类供电区域高压配电网本级不能满足 N-1 时，应通过加强中压线路站间联络提高负荷转供能力，以满足高压配电网供电安全准则，即高压配电网满足 N-1 包括通过下级 10kV 配电网转供不损失负荷的情况。B、C 类供电区域的建设初期及过渡期，以及 D、E 类供电区域，高压配电网存在单线单变，中压配电网尚未建立相应联络，暂不具备故障负荷转移条件时，可适当放宽标准，但应结合配电运维抢修能力，达到对外公开承诺要求。其后应根据负荷增长，通过建设与改造，逐步满足上述三级供电安全标准。

第五节　城市配电网供电可靠性

供电可靠性是指供电系统持续供电的能力，是考核供电系统电能质量的重要指标，反映了电力工业对国民经济电能需求的满足程度，已经成为衡量一个国家经济发达程度的标准之一。

供电可靠性是配电网建设与运行管理水平的综合指标。为了实现供电安全可靠性目标（例如 A 类供电区域的用户年平均停电时间不高于 52min），2019 年国家电网有限公司配电网投资仍处于较高水平，因此预安排停电仍是造成中压用户停电的主要因素。全国用户平均故障停电时间为 5.51 小时/户，平均预安排停电时间为 8.21 小时/户，分别占总停电时间的 40.16% 和 59.84%；用户平均故障停电频率 1.85 次/户，平均预安排停电频率 1.14 次/户，分别占到总停电频率的 61.87% 和 38.13%。2020 年，由于不停电作业技术的推广，预安排停电占停电时间的比例同比降低了 9.08 个百分点。全国用户故障平均停电时间为 5.84 小时/户，预安排平均停电时间为 6.02 小时/户，分别占到总停电时间的 49.24% 和 50.76%；用户故障平均停电频率为 1.82 次/户，预安排平均停电频率为 0.86 次/户，分别占到总停电频率的 67.83% 和 32.17%。其中，上海电网整体供电可靠率达到了 99.9966%，城市核心区的市区电网整体供电可靠率更是达到了99.9991%，在国内地市级电网中率先迈入了"五个 9"时代。2020 年详细的预安排停电原因分析见图 2-1，其中工程停电和检修停电原因共占预安排停电的97.18%，所占比例较大。2020 年故障停电原因占比见图 2-2。

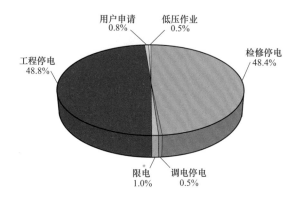

图 2-1　2020 年预安排停电原因分析

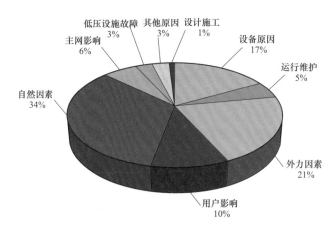

图 2-2　2020 年故障停电原因分析

近十年国际上部分先进国家（城市）电网的供电可靠性数据如表 2-9 所示。可以发现，大多数国际先进城市电网的计划停电时间远小于故障停电时间。

以新加坡为例，新加坡 2015 年电网供电可靠率为 99.9999%，达到"6 个 9"水平，其供电可靠性在统计口径上将预安排停电引起的停电时户数不计入供电可靠率统计范畴。若将预安排停电时间 2.5min 计入，则新加坡电网供电可靠率达不到"6 个 9"的水平。新加坡电网供电可靠率高一方面是因为新加坡电网贯彻基于设备状态的检修策略，在延长检修周期的同时，计划检修时间大大缩短，且电力公司提供发电车供电力设备周期检修时单电源用户的正常供电，而双电源用户在坚强的网络结构下，经电工切换操作经历短时停电后仍能正常用电；另一方面，新加坡能源局通过法律手段规定用户设备必须由具备资质的电工每年进行检查以确保设备状态良好，这也为电业设备的检修时间与用户设备的检修时间相吻合创造了条件，因此预安排停电引起的停电时户数是相当少的。

表 2-9　　　　　　近年来国际先进国家（城市）电网供电可靠性

城市（国家）	城网供电可靠率	用户平均停电时间（min/户）			统计年	统计口径
		累计时间	计划停电	故障停电		
新加坡	99.9999%（不计计划停电）	3.06	2.5	0.56	2015 年	基于用户
东京	99.999%	5	1	4	2015 年	基于用户
卢森堡	99.9978%	11.5	1.5	10	2012 年	基于用户
巴黎（核心）	99.9971%	15	—	—	2011 年	基于用户
纽约	99.9969%	16.14	—	—	2011 年	基于用户
丹麦	99.9963%	19.51	4.76	14.75	2012 年	基于用户
瑞士	99.9935%	34	12	22	2012 年	基于用户
英国	99.9867%	70	—	—	2004 年	基于用户

第六节　小　　　结

城市配电网直接面向广大电力用户，是供电企业与电力用户联系的纽带。随着社会经济发展和人民生活质量的提高，城市配电网发展规模越来越大，网络结构越来越复杂。城市配电网规划和建设必然是基于中国标准的配电电压序列，考虑供电区域划分标准和电力设施的基本功能，在满足相应区域供电安全性和可靠性的前提下，又要适当超前，即应同时具有可操作性、可靠性和前瞻性。因此本章就与城市配电网的工程实践密切相关的部分准则和基本要求等进行了介绍，方便大家理解后续的章节内容。

第三章　国内外城市配电网典型结构

第一节　国内配电网典型接线模式分析

一流的城市需要一流配电网。随着城市配电网复杂程度的增加，城市电网供电能力分析更多的是考虑网络各分层分区之间的供电协调性和相互支撑能力，其坚强可靠与否很大程度上就决定了供电能力的大小。中国城市 110kV 电网均以双侧电源链式接线为目标网架，高压配电网和主网架结构目前已十分坚强，中压配电网成为影响用户供电可靠性的关键环节。

中压配电网直接面向用户，存在更为灵活多变的接线方式，且必须满足供电的高可靠性。因此，在城市配电网选择或者构建中压配电网的网架结构时，对中压配电网的供电能力、供电质量、转供能力、经济性和协调性等需要进行对比和评估。

一、10kV 中压配电网典型结构

《配电网规划设计技术导则》（DL/T 5729—2016、Q/GWD 10738—2020）对各类供电区域 10kV 中压配电网典型结构进行了规定，包括多分段单辐射、多分段单联络、多分段适度联络的三种架空线路的典型结构，还有单环式、双环式两种电缆线路的典型结构。由于本书后续的内容主要是基于 10kV 电缆线路，因此本节仅给出单环式、双环式两种电缆线路的典型结构图，并补充介绍目前较为常见的 n 供一备的电缆网接线模式。

（一）单环式接线

单环式接线是以环网站为核心、双侧电源双回路就近供电、开环运行并配置自动化功能的单环网结构，如图 3-1 所示。

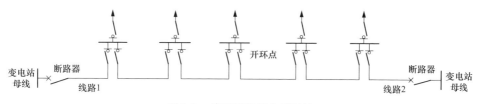

图 3-1　单环网接线典型结构

（二）双环式接线

双环式接线是以环网站为核心、双侧电源四回路就近供电、开环运行并配置自动化功能的双环网结构，如图 3-2 所示。

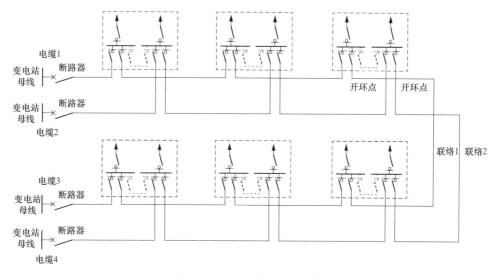

图 3-2　双环式接线典型结构

（三）n 供一备

正常由 n 路主供电源供电，另有一路备用电源。当主供电源停电时，可以用备用电源供电，备用电源可以承担全部供电负荷（全供全备模式时）或者部分供电负荷，如图 3-3 所示。

二、国内部分城市配电网典型接线简介

虽然中国大多数城市的配电网相较于国际一流城市的配电网仍存在一些不足，但近年许多大型城市通过一系列配电网建设和改造项目的开展，在城市配电网的建设方面取得了长足的进步，也为中国其他城市配电网的建设提供了可供借鉴的实践案例，如北京致力于建设具有"坚强、可靠、智能、互动"新特性的城市电网，而天津则主要以配电自动化项目为基础进行一流城市电网实践。下面就以北京、天津、香港和深圳为例简单介绍国内城市 10kV 配电网的典型接线。

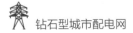

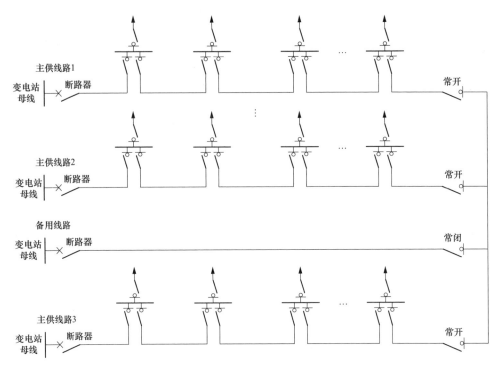

图 3-3　n 供一备（2≤n≤4）

（一）北京

北京中压配电网以 10kV 网络为主，由电缆网和架空网混合组成，其中架空线以多分段多联络的接线模式为主，电缆网以双辐射供电为主，含有部分的单环网。

图 3-4 为北京城区采用的双辐射供电方式，其上级电源可以是同一变电站的不同母线也可以为 2 座不同的变电站。双辐射供电方式对电源母线可靠性要求不高，单一线路故障时，用户通过低压自投装置或者高压联络恢复供电；若两条线路同时故障，则用户停电。

如图 3-4 所示，北京的双辐射接线模式通过在用户侧设置电缆分界室，一方面可以引出电缆继续向下串接用户，另一方面将用户与供电线路进行隔离，以保证用户侧故障不会影响到上级电源。正常运行时，两条线路同时对用户供电，互为备用，每条线路各带 50% 负荷。

为了进一步提高线路的供电可靠性，可以在两个电缆双辐射线路的基础上扩建为双环网模式，如图 3-5 所示。

（二）天津

天津 10kV 电网在 A+、A、B 类供电区域 10kV 电缆线路接线方式宜采用双

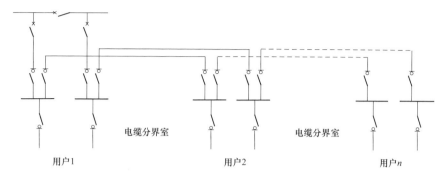

图 3-4　同一变电站不同母线双辐射接线模式

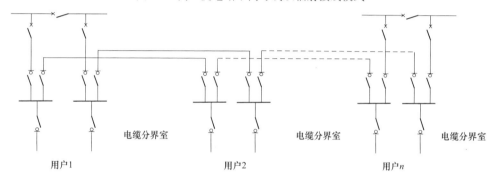

图 3-5　双环网接线模式

环式、单环式，应满足 N-1 停运的要求，有条件时满足检修状态下 N-1。C 类供电区域 10kV 电缆线路宜采用单环式。

　　涉及双电源客户的重要地区可采用双环网结构或在单环网的基础上，适当增加环间联络，形成电缆重环网结构，如图 3-6 所示。

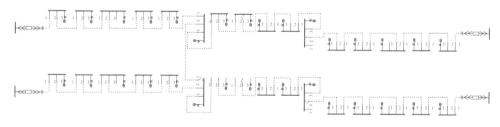

图 3-6　电缆重环网结构

（三）香港

　　香港电灯有限公司（港灯）的供电可靠程度自 1997 年起，每年均维持在 99.999％的高水平。港灯公司为提供和维持稳定可靠的电力服务，发电、输电及配电系统都做出适当的设计及配备应变方案，系统控制中心每天 24h 利用先进的计算机系统遥控、监测各发电、输电及配电系统，确保电力系统时刻有效运作。图 3-7 为香港电灯有限公司的 11kV 开环接线方式。

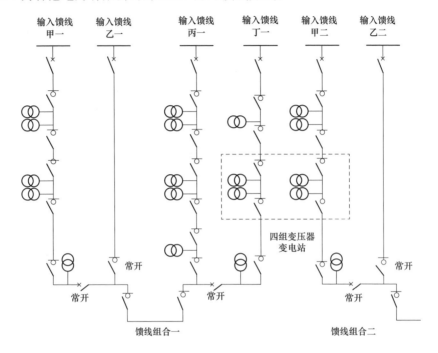

图 3-7　港灯 11kV 开环接线方式

分析图 3-7 可以发现，其馈线组内各馈线段连接至不同变电站的母线或同一变电站的不同母线，每组馈线有一路不带负荷专门作为备用电源。该接线方式可以在单一线路事故时，通过配网自动化系统合线路联络开关由备用线恢复供电。若同一馈线组内同时发生多个故障，则可能导致部分用户断电。

（四）深圳

深圳 A＋类供电区域高可靠性区域采用同母合环加联络接线、二线合环加联络合环接线（合环接线环网节点均为断路器单元，配置光纤纵差保护）以及 n 供一备（断路器＋光纤纵差保护）、双环网带备自投、开关站等开环接线。其中同母合环加联络接线、二线合环加联络合环接线以及 n 供一备接线如图 3-8～图 3-10 所示。

深圳 A 类供电区域常规区域采用双环网、n 供一备（2≤n≤3）、单环网、开关站等开环接线，在实现配网自动化自愈前提下，理论供电可靠性均大于99.999％。其中 n 供一备（2≤n≤3）的接线如图 3-11 和图 3-12 所示，单环网接线如图 3-13 所示，双环网接线如图 3-14 所示。

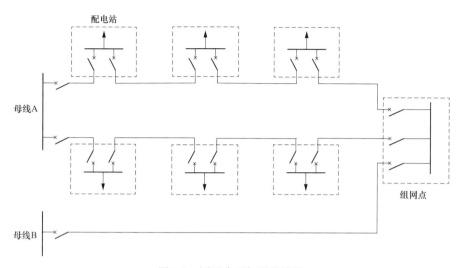

图 3-8 同母合环加联络接线

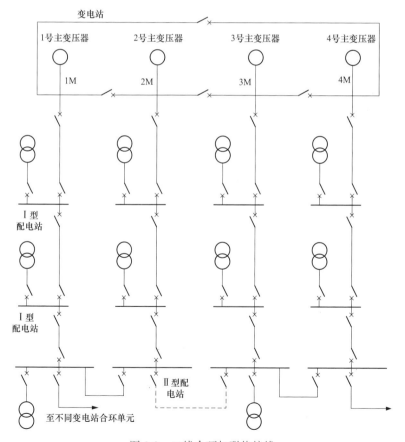

图 3-9 二线合环加联络接线

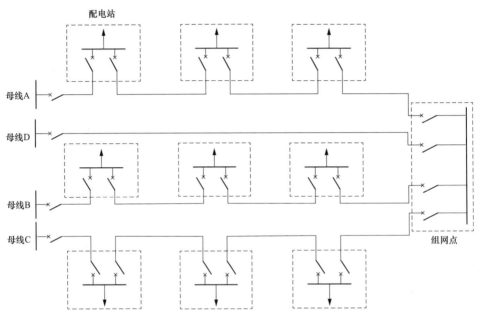

图 3-10　n 供一备（断路器＋光纤纵差保护接线）

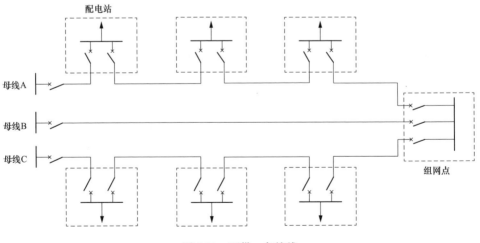

图 3-11　两供一备接线

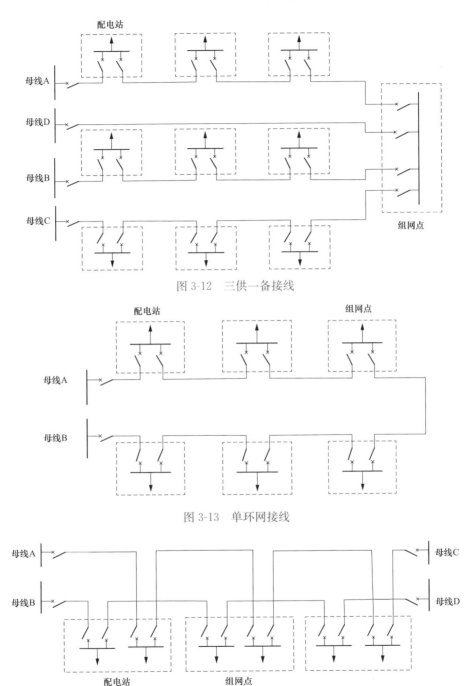

图 3-12 三供一备接线

图 3-13 单环网接线

图 3-14 双环网接线

第二节 国外典型城市配电网简介

国外先进城市的配电网建设起步较早，供电可靠性较国内更高，配电自动化覆盖面更广，通过学习和分析国外先进城市配电网发展模式，可以为中国的城市配电网发展提供参考和启发。

一、新加坡

新加坡电网电压等级分为五级，400kV、230kV、66kV、22（6.6）kV 和 0.4kV，其中输电电压等级为 400kV、230kV 和 66kV，配电电压等级为 22（6.6）kV 和 0.4kV。66kV 及以上电压等级输电网络均采用网状网络（mesh network）连接模式，每个网状网络并列运行，其电源来自同一个上级电源变电站，整个网络的外接电源备用容量一般考虑整个网络负荷的 50％左右。

新加坡 22kV 中压配网采用环网结构闭环运行的接线方式，如图 3-15 所示，变电站一条母线上的 22kV 馈线环接多个配电站后，再回到本站的另一条母线，由此构成一个"花瓣"，多条出线便构成多个"花瓣"，多个"花瓣"构成以变电站为中心的一朵"梅花"。每条馈线（每个"花瓣"）原则上不跨区供电，但是可以通过不同区域不同电源变电站的两个环网形成相互连接（两个"花瓣"的相交点），组成了花瓣式相切的形状，满足故障时的负荷转供。

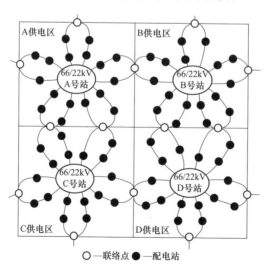

○—联络点 ●—配电站

图 3-15 新加坡 22kV 中压配电网结构（花瓣型）

花瓣电网最大环网负荷不能超过 400A，环网的设计容量为 15MVA。不同电源变电站的花瓣间设置备用联络（1~3 个），开环运行。事故情况下可通过调度人员远方操作，全容量恢复供电。22kV 馈线一律采用 300mm² 铜导体交联聚乙烯电缆。

分析图 3-15，该结构的网络接线实际上是由变电站间单联络和变电站内单联络组合而成。正常运行时，站间联络部分开环运行，站内联络部分闭环运行，而两个环网之间的联络处为最重要的负荷所在。这种多朵"梅花"构成的城市整体供电网架，显示了良好的可扩展性。

二、东京

东京电网电压等级标准包括 1000kV、500kV、275kV、154kV、66kV、22kV、6.6kV、415V、240V、200V、100V，其中 1000kV 网架目前是降压运行，154kV 只出现在东京的外围。

东京电网结构为围绕城市形成 500kV 双 U 形环网，由 500kV 外环网上设置的 500/275kV 变电站引出同杆并架的双回 275kV 架空线，向架空与电缆交接处的 275/154kV 变电站供电，然后由该变电站向一方向引出三回 275kV 电缆，向市中心 275/66kV 变电站供电，每三回电缆串接 2 座 275/66kV 负荷变电站，然后与另一个 275kV 枢纽变电站相连，形成环路结构。

22kV 则是在东京中心的负荷高密度地区采用，采用单环网、双射式、三射式三种结构，如图 3-16 所示。

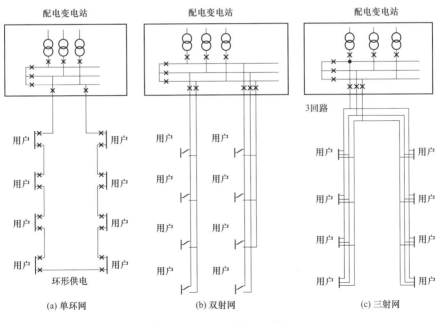

图 3-16 东京 22kV 电缆网

33

（1）单环网：用户通过开关柜接入环网，满足了单电源用户的供电需求，正常运行时线路负载率可达 50%，如图 3-16（a）所示。

（2）双射网：每座配电室双路电源分别 T 接自双回主干线（或三回主干线中的两回），其中一路主供，另一路热备用，满足了双电源用户的供电需求，线路利用率可达 50%，如图 3-16（b）所示。

（3）三射网：每座配电室三路电源分别 T 接自三回主干线，3 回线路全部为主供线路，满足了三电源用户的供电需求，正常运行时线路负载率可达 67%，如图 3-16（c）所示。

东京电力 6.6kV 中压配网适用于东京高负荷密度区之外的一般城市地区，配网结构相对简单，架空线采用多分段多联络方式，一般为 6 分段 3 联络，在故障或检修时，线路不同区段的负荷转移到相邻线路，如图 3-17 所示。

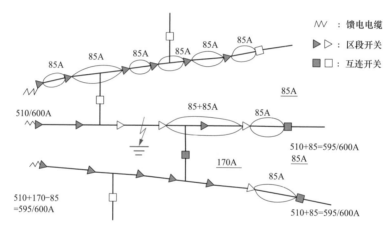

图 3-17　东京 6.6kV 架空线结构：6 分段 3 联络

电缆网采用的是多分割多联络的单环网结构，如图 3-18 所示，从 1 进 4 出开关站的出线构成两个相对独立的单环网。在故障或检修时，线路的不同区段的负荷转移到相邻线路。

三、巴黎

法国巴黎电网电压等级分为五级，400kV、225kV、63（90）kV、20kV 和400/230V，其中输电电压等级为 400kV、225kV 和 63（90）kV，配电电压等级为 20kV（中压）和 400/230V（低压）。在人口密度较低的地区，配电网依靠63kV 电网供电；在人口密度较高的地区，直接通过 225/20kV 输出中压。

法国巴黎电网呈"哑铃"形结构，强化两端、简化中间层级。400kV 电网环网运行，225kV 变电站布点在巴黎市区周边以放射方式接入，20kV 建设成环，且开环运行。

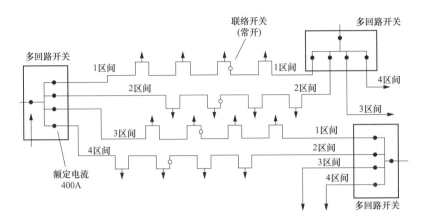

图 3-18 东京 6.6kV 电缆网结构：单环网

分析图 3-19，巴黎核心区电网中压 20kV 配电网由 2 座变电站的 20kV 出线相互联络，每座中/低压配电室双路电源分别 T 接自三环网中任意两回不同电缆，其中一路为主供，另一路为热备用。

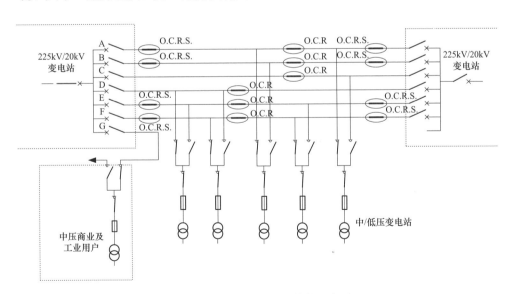

图 3-19 巴黎 20kV 电网结构示意图

三环网的分段开关和联络开关具有远程遥控功能，中/低压配电室装有备自投装置，当一路环网出现故障时，配电室主供负荷开关在变电站开关跳闸 3s 后分闸，之后 5s 备自投使备用负荷开关合闸，直接投切到另一路环网。该结构相比普通双环网的特点是单配电变压器采用双路电源接入，如果其中一条电缆故障，可自动切换到另一条正常电缆供电，一般出现 2 个故障点不损失负荷；从用户角度看，长期停电转化为短期停电，供电可靠性提高，同时对配电自动化要求较低；结构简单，主干线路径得到优化。

该结构的缺点是：现场施工时，闭锁运行复杂，不适用于有较大发展建设的区域；如果两条电缆采用同一路径，均发生故障，将无法部分恢复供电。

第三节 各种接线类型网架结构对比分析

一、国内外中压配电网网架结构对比分析

高度互联、简洁统一和差异化配置的电网结构是配电网安全可靠运行的重要保障。基于本章前两节内容，对比分析国内一流城市配电网与国际先进城市的网架结构特点如下：

（1）国内电缆线路采用的单环接线方式，与东京 22kV 电缆网的单环网供电方式相类似，主要区别是东京的环形供电方式为不同母线之间的单环，而中国一般为开关站或变电站之间的单环。

（2）国内电缆线路采用的双射接线方式，与东京 22kV 电缆网的接线方式相类似。其中东京双射式与中国的双射式基本相同；主要区别是东京双射式可以采用每座配电室双路电源分别 T 接自三回路中两回不同的电缆，其中一路为主供，另一路为热备用，提高了线路利用率，其正常运行时的负载率可达到 67%。

（3）国内电缆线路采用双环网接线方式与巴黎 20kV 三环网 T 接有类似之处，主要区别是：①巴黎每座配电室双路电源分别 T 接自三回路中两回不同电缆，其中一路为主供，另一路为热备用，用户接入采用 T 接头，T 接头的使用寿命和电缆一样长；而中国多采用环网柜或开关站通过开关接负荷，虽然环网柜或开关站造价较 T 接头高，但运行较为灵活。②巴黎双回或三回线路来自同站同母线，在同侧双回或三回线同时故障的情况下可通过线路分段及联络开关自动切换实现负荷转移；而中国双回线通过环网开关接入负荷及环网，可选择联络开关和适当分段开关实施自动化，自动切换实现负荷转移。

（4）东京 22kV 电缆网采用的三射供电方式比较特殊，每座配电室三路电源

分别 T 接自三回路上的不同电缆，3 路线路全部为主供线路，满足了三电源用户的供电需求，22kV 线路正常运行时的负载率可达到 67%，目前中国尚无该种接线方式。

（5）新加坡 22kV 电缆网采用花瓣形状的环网，闭环运行，采用导引线纵差保护，用户受故障时电压跌落影响较小，运行维护成本较高，国内尚无该种接线方式。

二、典型接线类型网架结构对比分析

综合以上典型接线类型，其网络架构均可满足正常方式"N-1"要求，供电可靠性较高，但有的仍存在站间负荷转移和平衡能力较弱的问题。即现有的一些典型接线模式在解决中国快速发展的城市供电需求与配电网建设的矛盾时仍存在一定不足，表 3-1 仅以单环网、常规双环网、双花瓣以及单花瓣为例对比分析了它们的优势和不足。例如，花瓣式接线会存在打破闭环运行问题，其安全保障、自愈能力及负荷转移能力有待进一步提升；常规双环网站内的负荷开关不具备继电保护功能，在故障情况下首先断开变电站出口断路器、全线停电，然后采用配电自动化进行故障定位、故障隔离、网络重构和供电恢复，故障停电范围广，供电恢复时间为分钟级。

表 3-1　　　　　　　　　　典型接线类型网络架构对比分析表

接线类型	优势	不足
单环网	1）满足正常方式 N-1 要求，供电可靠性较高； 2）开关站运行方式较简单，运维方便	1）不满足检修方式 N-1 要求，第一级终端开关站全站失电将导致下一级终端开关站失电； 2）若开关站两路电源来自不同变电站，对变电站布点数量要求高； 3）若开关站两路电源来自同一变电站，站间负荷转移和平衡能力较弱
常规双环网	1）站内仅配置负荷开关，且一般不配置分段开关，投资经济性较好； 2）站间负荷转移能力和站间负荷平衡能力达到100%	环网站内的负荷开关不具备继电保护功能，在故障情况下首先断开变电站出口断路器、全线停电，然后采用配电自动化进行故障定位、故障隔离、网络重构和供电恢复，供电恢复时间为分钟级
单花瓣	1）全线配置纵差、可闭环运行； 2）供电可靠性高	1）环间负荷转移会打破花瓣闭环运行； 2）节点全部为开关站，投资高； 3）不满足检修方式 N-1 要求
双花瓣	1）10kV 短路电流较易控制，可闭环运行； 2）能够满足检修方式下 N-1 要求，供电可靠性高	1）环间负荷转移过程较为复杂，且会打破花瓣闭环运行； 2）专用联络线占用间隔和廊道资源，需增加投资

第四节　小　　　结

　　国内外先进城市在配电网建设方面已取得一定的成果，本章以国内的北京、天津、深圳、香港，国外的新加坡、东京、巴黎等城市配电网为例，分析各城市如何从各自的实际出发打造世界一流城市配电网。综合对比，国内外先进城市配电网现状仍存在站间负荷转移和平衡能力较弱、故障停电范围广、供电恢复时间长等问题，因此本书后续章节通过总结上海城市配电网的实践经验，提出了一种新的城市配电网结构，希望能够为解决上述问题提供新思路，有助于推进中国城市配电网的转型升级。

第四章 钻石型城市配电网结构及其技术特性

第一节 钻石型城市配电网的产生背景

随着城市居民生活品质和电气化程度越来越高，对供电服务的要求也越来越高。城市配电网建设不仅影响城市外观形象而且与城市发展和经济建设密切相关。与其他区域配电网不同，城市配电网呈现用电量大、负荷密度高、安全可靠和供电质量要求高等特点。国内外城市从各自城市发展需求和配电网建设改造条件出发，形成各具特色的适合本城市的配电网发展策略，但在解决中国城市配电网面临的问题与挑战时仍存在不足。

合理的电网结构是满足电网安全可靠、提高运行灵活性、降低网络损耗的基础。为了满足城市高负荷密度和高供电可靠性的供电要求，上海结合城市发展历程探索形成了分层配电网的发展模式。10kV 开关站是分层配电网的关键设施，有效解决了大量用户专线接入 110（35）kV 变电站带来的间隔紧张、变电容量难以释放、出线利用率不高的问题。同时，开关站之间形成联络，在增强所供用户供电可靠性的基础上，还增加了变电站间负荷转移能力，有效解决了目前站间负荷转移能力和站间负荷平衡能力不足的问题。

上海电压等级序列有三种：1000/500/220/110/10/0.38kV、1000/500/220/35/10/0.38kV、1000/500/220/110/35/10/0.38kV，如图 4-1 所示。

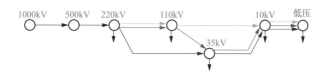

图 4-1 上海电网电压等级序列示意图

3种电压等级序列的差别主要在高压配电网的电压选择上。上海电网电压等级系列早期主要采用220kV/35kV/10kV系列。随着负荷的增长，推广采用电压系列220kV/110kV/35kV/10kV加上110kV/10kV直降系列。其中220kV/110kV/10kV和220kV/35kV/10kV是主要高压配电网电压等级序列，220kV/110kV/35kV/10kV仅在崇明区C类农网地区予以保留。

一、上海110（35）kV配电网的发展概况

（一）110（35）kV配电网发展历程

1. 1990—1998年（孕育期）

1990年以前，上海高压配电网以35kV配电网为主，35kV变电站的主变压器台数为1～2台，采用小容量变压器（容量低于20MVA），变电站内电气主接线存在线路变压器组、内桥、单母线分段等多种模式。

1989—1990年原上海电力局与东京电力公司及东京电力设计公司合作，首次针对上海配电网发展研究开展了国际咨询，经过中日双方共同努力，编制完成了《上海市区149km² 配电网规划设计导则》和《上海市区配电网改造和发展研究报告》，提出了35kV变电站最终规模3台主变压器、变电站提升主变压器容量、中心城区逐步发展110kV配电网、110kV目标"手拉手"电网接线、建设电力电缆排管系统等关键技术原则。基于此，上海市为缓解城市中心区35kV电源供电紧张的局面，开始建设110kV/35kV的110kV变电站，该时期110kV电网主要承担输电网作用。

2. 1998—2005年（启航期）

上海市电力公司在1998年发布了《上海电网若干技术原则的规定》，规范了上海配电网规划、建设、运行的相关标准，并在2002年修订了第二版。在《上海电网若干技术原则的规定》中明确了上海发展35kV高压配电网的政策，并规定35kV变电站采用20MVA主变压器、最终3台主变压器（本期2台主变压器）的模式，且变电站35kV侧采用线路变压器组接线、35kV配电网采用辐射接线模式等一系列标准化规定。

同时随着上海城市轨道交通的建设，中心城区220kV变电站大量采用三绕组变压器，市区供电公司开始研究论证110kV/10kV配电网的可行性，并在浦西中心城区开始建设110kV/10kV的110kV变电站，形成了最早作为配电网使用的110kV电网。

同一时期根据国务院统一部署，上海还完成了新一轮城网建设和改造工作。至2005年，新一轮城网改造对上海城市配电网在提高供电能力、提高供电可靠性和电能质量、降低线损和加大城网科技含量等方面取得明显成效。

3. 2006—2010 年（蜕变期）

随着上海负荷密度的提高（特别是中心城区负荷密度的快速提升），同时受高压配电变电站规划控制数量的限制，为提高高压配电网的供电能力，上海在 2004 年修订发布了《上海电网若干技术原则的规定（第三版）》，首次提出"加大中心城区 110kV/10kV 配电网发展的力度，对于高负荷密度地区高压配电网，宜以 110kV 电压供电，中心城区以外的地区，如远期负荷密度较大时可适度发展 110kV 电网"。

至此，浦西中心城区加快了 110kV 配电网的建设，高压配电网建设重点由 35kV 电压等级逐步转移至 110kV 电压等级，并开始在浦西中心城区以外地区试点（这些地区仍以 35kV 配电网为主）。此时 110kV 变电站主变压器容量以 40MVA 为主，变电站 110kV 侧采用线路变压器组和"一进二出"接线。110kV 配电网接线模式主要采用辐射接线和环进环出接线，并且通过对 110kV 配电网建设的持续理论研究，提出了具有上海特色的 110kV 三链目标接线模式（"手拉手"接线）。同时，35kV 变电站开始采用 31.5MVA 主变压器。

虽然，《上海电网若干技术原则的规定（第三版）》中提出了变电站电源的三级双电源标准（来自同一个变电站双母线的正、副母线），但没有要求 110（35）kV 变电站电源需达到一级双电源标准（来自 2 个发电厂，或 1 个发电厂和 1 个变电站，或 2 个变电站）。

4. 2010—2014 年（过渡期）

随着郊区负荷快速增长，220kV 变电站开始采用大容量三卷变，浦西中心城区外的其他地区也开始逐步推广建设 110kV 配电网，110kV 配电网加快建设，初步形成了 110kV、35kV 配电网同步发展的局面。

在 2011 年发布的《上海电网若干技术原则的规定（第四版）》中进一步明确了中心城区外 110kV 配电网发展的地区条件；首次提出了 110kV 变电站原则上采用环进环出接线（不采用线变组接线）和 110kV 侧"一进三出"模式；规定了 110（35）kV 变电站按一级双电源标准规划目标网架。

5. 2014 年至今（成熟期）

面对城市站址资源和通道资源的稀缺、负荷密度的持续提高、220kV 变电站 35kV 侧容量和间隔资源日益稀缺、110kV 侧容量和间隔利用不足等情况，上海进一步开展了高压配电网发展策略的系统研究，确立了发展 110kV 高压配电网的总体原则。

同时，基于对供电安全性和网架结构提升的需求，上海市电力公司对电网规划设计相关技术原则进行了提升和优化，在《上海电网若干技术原则的规定（第

四版)》的基础上发布了《上海电网规划设计技术导则（试行）》。导则中明确了
"大力发展 110kV 公用电网、限制 35kV 公用电网"的高压配电网总体发展策略，
并规定中心城区高压配电网应满足检修情况下 *N*-1、变电站建设初期需满足双侧
电源要求、110kV 变电站采用大容量主变压器，导则中还首次明确了 110kV 三
链目标接线及配置自愈系统、小容量 35kV 变电站最终定位及 35kV 变电站升压
改造等一系列技术原则。自此，上海高压配电网进入 110kV 配电网全面快速发
展、35kV 配电网逐步萎缩的时期，相应的规划建设标准及规范已基本固化成熟。

（二）110（35）kV 配电网网架结构现状

上海 110kV 配电网主要采用双链接线、单链接线或双侧电源辐射接线，分别
占线路总数的 47％、11％、42％，其中单链接线又分为单链和简易单链，各接线
方式如图 4-2～图 4-5 所示。❶

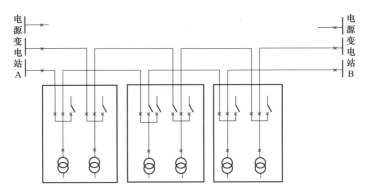

图 4-2 现状 110kV 双链接线示意图

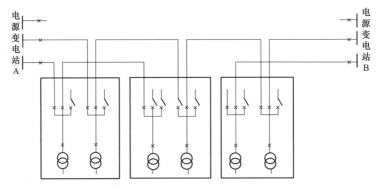

图 4-3 现状 110kV 单链接线示意图

---

❶ 为了清晰显示各线路之间的连接关系，图中根据正常的运行方式，将断路器显示为打开和闭合两
种状态，本章后面图形中的断路器和负荷开关的状态都按照此方式处理。

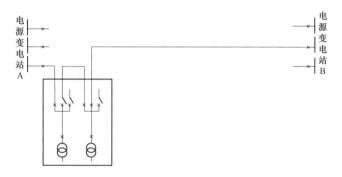

图 4-4 现状 110kV 简易单链接线示意图

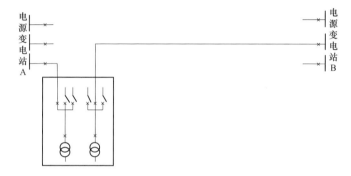

图 4-5 现状 110kV 双侧电源辐射接线示意图

35kV 配电网采用双侧电源辐射接线和单侧电源辐射接线，分别占线路总数的 74％和 26％，两种接线方式分别如图 4-6 和图 4-7 所示。

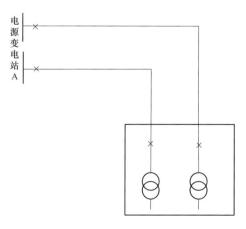

图 4-6 现状 35kV 单侧电源辐射接线示意图

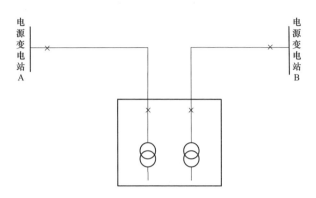

图 4-7　现状 35kV 双侧电源辐射接线示意图

二、上海 10kV 电缆网的发展概况

（一）10kV 开关站发展背景

上海市核心区域负荷密度高，10kV 用户数量较多，但单个用户容量不大，用户采用专线接入 110（35）kV 变电站会占用大量变电站间隔，导致变电站间隔资源紧张。同时随着上海大力发展 110kV 电压等级公用电网，110kV 大容量主变压器广泛使用，用户采用专线接入也会导致变电站供电容量无法完全释放，变压器利用效率低下。

而 10kV 开关站是户内配电站的一种类型，其进出线采用断路器并配置继电保护，可根据需要配置配电变压器，如图 4-8 所示。

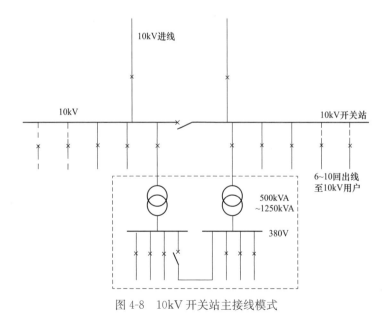

图 4-8　10kV 开关站主接线模式

10kV开关站作为变电站母线的延伸，可为用户提供接入间隔，有效释放变电站供电能力，直接服务于用户接入，是用户接入工程的重要组成部分。从整个社会资源最优以及加强用户供电可靠性的角度出发，一个开关站往往服务于多个用户，且开关站之间可以形成联络。

开关站一般就近设置在客户用地红线内，从技术上看，目前开关站的定位和功能更符合用户属性。开关站设置于红线内，可实施性较强：①可节约土地资源，根据项目所在用户和周边地块的开发情况，合理选择设置开关站，并可辐射到周边临近用户，降低用户接电成本，提高开关站使用效率、合理利用土地；②可结合地块开发整体设计，在土地出让时同步落实开关站设置需求，将开关站布局纳入用户地块的整体设计方案中，一并办理报规、建设等手续，便于开关站的落实和实施；③可结合用户建设同步实施，响应用户接电需求，并满足用户接入时间需求，外观与用户建筑相协调。

如果将开关站设置在红线外，则实施难度极大：①在编制地区控制性详细规划时，由于缺少地块内用户布局情况，难以准确预测开关站电压等级、数量及位置，因此无法纳入控制性详细规划中；②开关站建设数量较大，工程量大、前期手续复杂；③无法满足用户快速接入需求，若开关站按照变电站基建程序建设，流程复杂、时间长，很难满足用户接入时间要求。

（二）10kV电缆网的"优化突破"之路

上海10kV架空网一直以来均采用多分段适度联络的接线方式，而电缆线路的接线方式则随着时间而发生变化，因而本书只介绍上海配电网10kV电缆网的发展历程。

1. 2000年以前

2000年以前，上海10kV电缆网规模相对较小，电缆网主要采用变电站直供的配电室、环网室（P型站）和户外环网箱、箱式变电站❶（W型站）两类单环网结构，如图4-9所示。

2. 2000—2003年（开关站试点推广）

2000—2003年，上海提出了开关站理念并进行试点。2000年和2002年，上海市物价局发布了《关于核定市区普通新建住宅供电配套工程费标准的通知》（沪价经〔2000〕第152号）和《关于外环线以外地区新建住宅供电配套工程费执行标准的通知》（沪价公〔2002〕009号），新建居民小区供电配套工程开始实

---

❶ 简称箱变。

施平方米收费，解决了居民小区配电网建设的投资费用渠道。与此同时，国网上海市电力公司配套研究标准化、模块化的配电网建设方案，首先提出在居民小区中建设 10kV 开关站，并结合新建居民小区开展开关站试点工程。

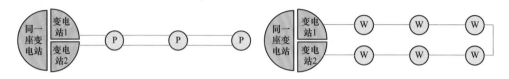

(a) 配电室、环网室模式　　　　　　　　　(b) 户外环网箱、箱式变电站模式

图 4-9　以配电室、环网室和户外环网箱、箱式变电站为节点的单环网示意图

3. 2004—2011 年（确立开关站单环网结构）

2004 年，《上海电网若干技术原则（第三版）》首次将开关站纳入上海 10kV 配电网相关技术原则中，明确建筑面积在 40000m² 以上的新建住宅小区内应建设开关站。随后 2006 年，《上海市电力公司中低压电网技术原则及典型设计（试行稿）》进一步细化了开关站的规划、设计、建设标准，明确了开关站采用全断路器配置、10kV 侧采用单母线分段接线、分段开关设备自投保护等要求；明确了开关站进线为单环网接线模式；明确了 10kV 配电网分层网架结构，即以开关站（K 型站）及其进线单环网作为主干网，开关站供出配电室、环网室（P 型站）和户外环网箱、箱式变电站（W 型站）单环网作为次级网，如图 4-10 所示。

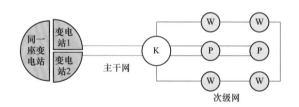

图 4-10　以开关站（K 型站）为核心节点的单环网示意图

之后，上海持续在居民小区中推广应用以开关站（K 型站）为节点的单环网接线。随着上海市居民地产快速发展，结合新建居民小区供电配套工程，在居民小区中大规模新建了开关站，"以开关站（K 型站）为核心节点"的上海 10kV 配电网模式开始固化，并在商业区、工业区（非居民用户）中试点推广，但由于开关站站址落实及投资分摊问题，开关站建设在商业区、工业区推广遇到一定阻力。

4. 2012—2017 年（开关站单环网走向成熟）

随着上海负荷密度的不断提升，国网上海市电力公司提出"大力发展

110kV 公用电网、限制 35kV 公用电网"的高压配电网发展策略，110kV 变电站大容量主变压器的应用要求提升 10kV 配电网容量释放能力，建设 10kV 开关站的需求进一步加大，上海确立了以开关站（K 型站）为核心节点的 10kV 主干网结构。与此同时，上海市发展和改革委员会发布了《关于本市 35kV、10kV 非居民电力用户供电配套工程试行定额收费的通知》（沪发改价管〔2012〕021 号）文件，解决了在商业区、工业区（非居民用户）中建设开关站时站址落实和投资分摊等瓶颈问题，以开关站为核心节点的 10kV 配电网发展模式全面确立。

2014 年，上海在研究供电安全性提升需求后，提出了 A＋、A 类地区 110（35）kV 配电网应满足检修方式下 N-1，进而要求 10kV 配电网需加强变电站站间负荷转移能力。结合高压配电网发展策略的转变和 10kV 开关站的全面发展，上海高中压配电网技术标准面临整体提升需求，因此上海市电力公司编制了《上海电网规划设计技术导则（试行）》。导则中首次提出了 10kV 电缆网主干电网建设"以开关站（K 型站）为核心的环网接线模式"，进一步明确"除大容量用户专线外，变电站出线电缆仅供开关站"的原则和变电站间负荷转移能力定量要求，并首次提出了以开关站（K 型站）为核心节点的双环网接线的设想，如图 4-11 所示。

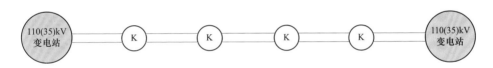

图 4-11 以开关站（K 型站）为核心节点的双环网示意图

随后，国网上海市电力公司发展部组织开展了全市开关站专项总体规划，制定了不同类型地区开关站规划落地措施。2014—2017 年，结合业扩工程、输变电配套出线工程、电网改造工程，上海加快建设以开关站为核心的单环网结构。经过 18 年的电网建设与改造，上海中压主干电缆网已形成了以开关站单环网为主的网架结构。

5. 2017—2019 年（网架结构再次突破）

2017 年，为适应上海市"全球城市"总体规划，贯彻落实国家电网有限公司建设世界一流城市配电网的战略部署，国网上海市电力公司提出"力争 2020 年内环以内中心城区率先基本达到东京电网发展水平"的电网建设目标，启动世界一流城市配电网建设和相应配套研究工作。面对中心城区供电可靠性需求及负荷转移能力要求的进一步提升，开展了开关站为核心的双环网接线相关研究课题，包括双环网接线的标准接线模式及其结构配置要求、保护配置和自愈系统专题等。

2018—2019 年，结合上海市架空线入地工程，上海电网按开关站双环网接线开展了饱和目标网架的专项规划，并在国家会展中心（进口博览会会址）所在的区域试点建设了 4 个双环网结构并同步配置自愈系统。随后，结合配电网网格化规划，将开关站双环网接线纳入了网格化技术细则中，明确了开关站双环网目标接线及具体技术要求，在 2019 年 1 月至 5 月，以开关站双环网接线为目标网架，编制了浦东、市区供电公司远景配电网规划方案和近期过渡方案，形成了网格化规划的典型范例。

2019 年，在总结了架空线入地工程及浦东、市区供电公司网格化规划和开关站双环网接线建设经验的基础上，提炼出了具有上海特色的钻石型城市配电网网架结构。

（三）10kV 电缆网网架结构现状

当前，上海 10kV 电缆网以单环网接线为主（占总电缆线路的 88.9%），其中主干网多数采用变电站供出以开关站为节点的单环网结构，如图 4-12 所示。在中心城区、青浦国家会展中心等地区试点建设有少量的开关站双环网接线（占总电缆线路的 3.35%），如图 4-13 所示。

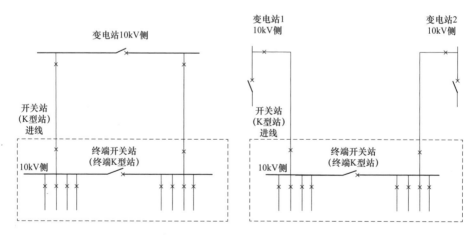

图 4-12　现状 10kV 电缆主干网开关站单环网接线示意图

次级网采用由开关站供出以配电室、环网室（P 型站）或户外环网箱、箱式变电站（W 型站）组成的单环网接线或辐射接线，如图 4-14 和图 4-15 所示。

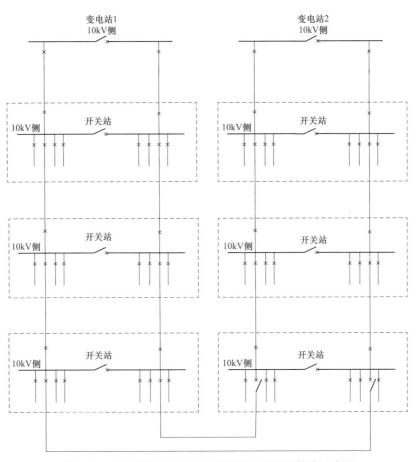

图 4-13 现状 10kV 电缆主干网开关站双环网接线示意图

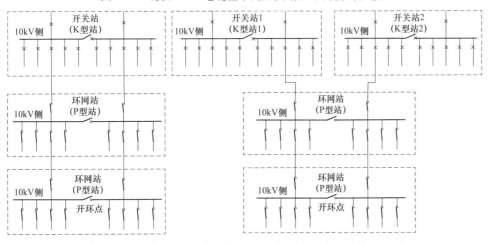

图 4-14 现状 10kV 电缆次级网开关站供出单环网接线示意图

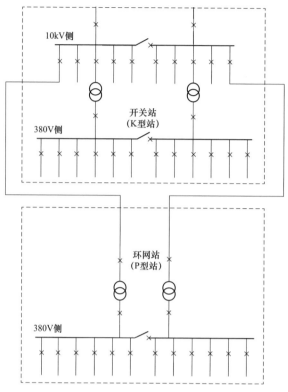

图 4-15 现状 10kV 电缆次级网开关站供出辐射接线示意图

三、上海配电网的发展需求

对于正在打造卓越全球城市的上海而言，不仅需要充裕、可靠的电力供应作保障，同时还需在电网长远发展规划上未雨绸缪。目前上海中压配电网面临的问题与挑战主要体现在以下几个方面。

（一）供电可靠性与世界领先水平仍有差距

2019 年上海市供电可靠率指标突破"4 个 9"达到 99.9911%，中心城区（A+、A 类区域）达到了 99.9935%，在国内城市名列前茅。图 4-16 为国际主要城市用户平均停电时间对比，单位为小时/户，可以看出上海的供电可靠性还有很大的提升空间。

（二）供电安全水平有待进一步提升

2014 年，《上海电网规划设计技术导则（试行）》中提出内环以内中心城区、区县政府所在地及重要地区（如迪士尼、自贸区、临港等），35kV 及以上电网应满足检修方式 N-1 安全要求。但是上海当时的变电站以配置 2 台主变压器为主，若要满足检修方式 N-1，则需具备充沛的站间负荷转供能力，而中心城区 10kV 以单侧电源单环网为主，站间负荷转供能力明显不足。

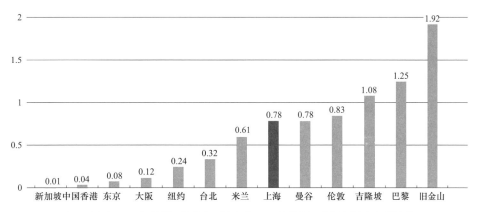

注：上海为 2019 年数据，其他主要城市为 2018 年数据（数据来源中电联网站）

图 4-16　国际主要城市用户平均停电时间对比情况

（三）供电能力释放不充分

早期，上海高压配电网以发展 35kV 电压等级为主。自 2005 年开始，随着上海负荷密度的提高，同时受高压配电变电站规划控制数量的限制，为提高高压配电网的供电能力，浦西中心城区加快了 110kV 配电网的建设，配电网建设重点由 35kV 电压等级逐步转移至 110kV 电压等级。到 2011 年，上海配电网正式确立了发展 110kV 高压配电网的总体原则，进入 110kV 配电网全面建设、快速发展的时期，造成了上海高压配电网呈现 110kV 和 35kV 电压等级混合供电的局面。

截至 2019 年底，上海共有 110kV 变电站 228 座，35kV 变电站 625 座。110kV 和 35kV 变电站站数比为 1∶2.7，总容量比为 1∶1.2，大容量的 110kV 变电站与小容量的 35kV 变电站之间缺乏负荷平衡的手段，110kV 变电站轻载与 35kV 变电站重载问题并存。

第二节　钻石型城市配电网的定义和结构

为了对标国际先进全球城市，适应"卓越全球城市"的建设需求，建设卓越的城市配电网，解决站间负荷转供能力不足、变电站负载不平衡、线路利用率低、出站通道紧张等问题，综合国内外典型配电网架构优点，基于以开关站单环网为主的配电网现状，国网上海市电力公司正式提出了适用于城市电网的钻石型配电网发展建设思路，加快形成具有首创效应的城市中心地区电网提升模式，未来将打造出坚强智能城市电网的上海样板。

一、钻石型城市配电网的定义

钻石型城市配电网采用分层分级的结构，包括 10kV 主干网和 10kV 次干网两个

层级，不同层级的电网采用不同的接线模式和二次系统配置，其拓扑结构与"钻石"极为相似，如图 4-17 所示，其中 S 为 110（35）kV 变电站，K 为 10kV 开关站，P 为 10kV 环网站。

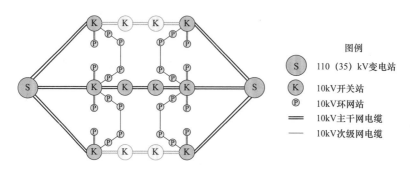

图 4-17　钻石型城市配电网示意图

由图 4-17 可以看出，钻石型城市配电网是以开关站为核心，主次分层的配电网。其中，10kV 主干网以全部进出线均配置断路器的开关站为核心节点，采用双侧电源四回路就近供电，全部线路形成环网连接、开环运行并配置自愈功能的双环网结构，故障发生后可在秒级恢复供电；10kV 次干网以全部进出线均配置环网开关（负荷开关）的环网站为核心节点，以开关站为上级电源，形成单（双）侧电源供电的单环网或双侧电源供电的双环网结构，并配置配电自动化系统。

具体而言，上海的钻石型城市配电网将传统的以环网站（负荷开关）为核心的接线模式变为以开关站（断路器）为核心的接线模式，并以上海市电力公司组织开发的自愈系统取代传统的配电自动化系统，可以实现就地信息采集，远方自动执行自愈策略，从而将故障处理时间由分钟级压缩至秒级。同时，由于采用不同变电站双侧电源供电方式，其负荷转供能力达 100％。凭借这种灵活可控的负荷转供性能，钻石型城市配电网可以满足检修方式下 N-1 安全校核，从而有效减少计划检修及施工停电时间，大幅提升城市中心区的供电可靠性。

从用户供电视角看，钻石型城市配电网构建的是一个"以用户为中心""不停电"的配电网，无论是提供低压用户供电电源的 10kV 环网站、还是提供中压用户供电电源的 10kV 开关站，任意一回 10kV 及以上公共电网线路故障时都能够保障用户不停电。钻石型城市配网用户视角示意图如图 4-18 所示，其中 U 为用户。

二、钻石型城市配电网电气接线图

钻石型城市配电网典型电气接线结构如图 4-19 所示，该结构满足检修方式 N-1 要求，自愈系统快速恢复供电，可灵活调节运行方式，站间负荷转移能力和平衡能力强，供电安全性和可靠性高。但是由于专用联络线占用间隔和廊道资源，需增加投资。

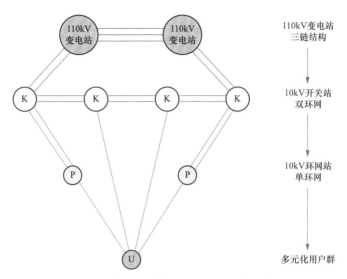

图 4-18　钻石型城市配电网用户视角示意图

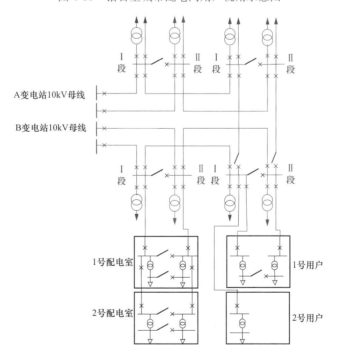

图 4-19　钻石型城市配电网典型电气接线结构图

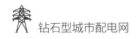

第三节　钻石型城市配电网的技术特征

钻石型城市配电网具有安全韧性、友好接入、坚强可靠以及经济高效的特点，本节仅对其进行简单的介绍，具体的理论说明和分析计算可参阅本书的第四章至第十章。

一、安全韧性

（1）钻石型城市配电网在满足基本供电安全水平的基础上，具备高安全性的特征和抵御 N-1、N-1-1 停运的能力。

（2）钻石型城市配电网能够实现非故障段负荷的秒级恢复，满足且高于现行 A＋类地区 10kV 非故障段负荷恢复供电的要求，优于常规采用配电自动化恢复供电的单环网和双环网接线。

（3）钻石型城市配电网具备强大的负荷转移能力，可有力支撑故障情况下，非故障段线路恢复负荷的需要。

（4）钻石型城市配电网可适应应急情况和极端情况下电网韧性的需求，主干网结构提供了多方向、多方式的负荷转移手段，满足 N-1-1 校验且在 N-1-1 停运时仍具备较好负荷转移能力。

（5）除线路之间负荷转移能力强大外，钻石型城市配电网在变电站间构筑了一道站间负荷转移通道，可支撑 110（35）kV 变电站的防御力及恢复力，提升变电站的供电安全和坚强韧性。

二、友好接入

（1）根据分布式电源单个并网点容量的差异性，分布式电源可选择开关站、配电室、箱式变电站或低压方式接入。

（2）钻石型城市配电网中开关站进出线配置全断路器和全纵差保护，可以支撑各类分布式电源在几乎不改变原有网架和保护配置的情况下直接接入，具备"即插即用"特征，从而可以更好地接纳分布式电源接入配电网。

（3）通过开关站汇集分布式电源的连接方式可为储能创造集中配置的条件，为提高储能的整体利用效率发挥积极作用。

（4）钻石型城市配电网均衡负荷的能力能够对区域开关站间的负荷分配起到优化作用。

（5）开关站进出线配置全断路器，可解决 800kV A 以上用户接入点熔断器的熔断曲线与零序电流保护整定值难以配合的问题，满足大容量用户的接入需求。

（6）有效减少变电站直供用户线路，提高变电站 10kV 间隔和出线利用率，解决变电站 10kV 间隔和出线通道紧张问题，同时也解决了变电站直供负荷无法转供的难题。

（7）针对重要用户，特别是特级或一级重要用户，钻石型城市配电网可提供双侧电源或多侧电源的供电条件，满足重要用户对供电电源点的要求。

三、可靠自愈

（1）钻石型城市配电网中用户接入均不影响主干环网线路的运行，不会产生停电时间。

（2）钻石型城市配电网突破了开关站长链式接线保护配置瓶颈，具备网络故障的秒级自愈能力，可形成快速的供电恢复能力。

（3）钻石型城市配电网主干线均配置断路器，单一故障情况下只停故障区段，可有效缩小故障停电范围和时间。

（4）可避免分布式电源和微电网接入引起的对现有继电保护的调整以及对故障电流影响可能引起的保护拒动和误动问题，并且能够控制故障后的停电范围，避免影响范围扩大。

（5）供电可靠率超过五个"9"，大幅提高了中心城区的供电可靠性。

四、经济高效

（1）实现站间负荷平衡，有利于变电站容量释放，主变压器及线路利用率获得提升。

（2）占用上级变电站间隔减少，可串接 4～6 座开关站，节约出站通道。

（3）现状单环网接线通过新建或改接开关站间线路，便可实现钻石型城市配电网升级。

（4）适应性强，形成了以 10kV 开关站、配电室和环网室（箱）为核心的中低压用户接入的多级平台。

（5）用户接入费用低，用户可实现在地块内就近接入，相对接入线路较短，用户投资费用较低。

（6）对站址、通道资源要求较低，用户接入电源站址相对集约化（单站址可提供电源间隔多、可同时提供中压与低压电源间隔），相对通道长度短，可避免市政道路上设置大量环网室（箱）或箱式变电站。

第四节　小　　结

为了满足城市高负荷密度和高供电可靠性的供电要求，上海高压配电网长期

处于 110kV 与 35kV 共存的局面，110kV 变电站轻载与 35kV 变电站重载问题同时存在。2004 年，《上海电网若干技术原则（第三版）》首次将开关站纳入上海 10kV 配电网相关技术原则中，经过 20 年发展，开关站（K 型站）已成为上海中压主干电缆网的关键节点，是上海城市电网进一步优化升级的基础。

为了保证经济性和可实施性，上海市电力公司基于上海城市电网的发展历程，形成了分层配电网的发展模式，并提出了以开关站（K 型站）为核心的主次分层的钻石型城市配电网，即主干网以开关站（K 型站）为核心节点、双侧电源供电、双环式连接、配置自愈系统，次干网以环网站为节点、单环网连接、配置配电自动化。钻石型城市配电网具有安全韧性、绿色友好、可靠自愈以及经济高效四大特征，该理论的提出和工程实践的逐步推进有效地解决了上海城市配电网发展中存在的一系列问题。

第五章　钻石型城市配电网的安全韧性

第一节　概　　述

2020 年 11 月 3 日，党的十九届五中全会审议通过的《中共中央关于制定国民经济和社会发展第十四个五年规划和二〇三五年远景目标的建议》（简称《建议》），其中首次提出建设"韧性城市"。《建议》提出，"推进以人为核心的新型城镇化。提高城市治理水平，加强特大城市治理中的风险防控"。提高城市系统面对不确定性因素的抵御力、恢复力，提升城市可持续发展的能力逐渐成为城市研究领域的热点和焦点问题。

"韧性城市"和"韧性电网"是国际社会在防灾减灾领域使用频率很高的两个概念。韧性城市指的是，当灾害发生的时候，韧性城市能承受住冲击，快速应对并快速恢复，有效保持城市功能正常运行，可以更好地应对未知的灾害风险。韧性电网则是指能够全面、快速、准确感知电网运行态势，协同电网内外部资源，对各类扰动做出主动预判与积极预备，主动防御，快速恢复重要电力负荷，并能自我学习和持续提升的电网。按上海市城市总体规划，发展韧性电网已成为建设韧性城市的重要支撑保障之一。

作为关乎城市安全和城市社会经济命脉的配电网，更应该坚持"安全第一、预防为主、综合治理"的方针，提升预防和抵御事故风险的能力，从队伍建设、电网结构、设备质量、管理制度等方面入手，全面提高安全管控能力和安全生产水平，为城市经济社会发展提供了坚固的电力保障。

本章将结合韧性城市建设和钻石型城市配电网具有的安全韧性特性，从非故障段恢复供电时间、非故障段恢复供电能力等指标，对比传统的以环网室（箱）

为节点的单环网、双环网、单花瓣、双花瓣网架结构，分析钻石型城市配电网网架结构的安全水平，并探讨钻石型城市配电网网架结构对城市电网韧性的支撑作用。

第二节　钻石型城市配电网的安全韧性需求

随着城市经济社会的发展，对电力供应安全可靠的要求日益提高，此阶段城市配电网的建设重点更趋向于优化完善网架结构，提高电网运行的灵活性和安全性，从而满足城市韧性建设和安全供电的需求。

一、韧性城市的重要支撑

随着城镇化进程加快，生产要素和生活要素的高度集聚，以及城市运转的复杂性加大，城市面临的不确定性因素和未知风险不断增加，在各种突如其来的自然和人为灾害面前，往往表现出极大的脆弱性。因此，提高城市系统面对不确定性因素的抵御力、恢复力，提升城市可持续发展的能力逐渐成为城市研究领域的热点和焦点问题。2017年6月中国地震局制定的《国家地震科技创新工程》，提出了包含"韧性城乡"在内的四项科学计划，是在国家层面首次提出此概念。

2018年，上海市人民政府发布的《上海市城市总体规划》（2017～2035年）中提出了建设"卓越的全球城市"的总目标和"更具活力的繁荣创新之城、更富魅力的幸福人文之城、更可持续的韧性生态之城"的分目标，其中提出了至2035年上海将成为全球最令人向往的健康、安全、韧性城市之一，加强基础性、功能型、网络化的城市基础设施体系建设，提高市政基础设施对城市运营的保障能力和服务水平，增加城市应对灾害的能力和韧性。

2020年11月3日，新华社播发党的十九届五中全会审议通过的《中共中央关于制定国民经济和社会发展第十四个五年规划和二〇三五年远景目标的建议》提出建设海绵城市、韧性城市。习近平总书记在上海调研时曾指出"一流城市需要一流电网"。电网安全事关国家安全、能源安全、生产安全，尤其在应对各类突发事件中作用更加彰显，发展韧性电网已成为建设韧性城市的重要支撑保障之一。韧性电网则是指能够全面、快速、准确感知电网运行态势，协同电网内外部资源，对各类扰动做出主动预判与积极预备，主动防御，快速恢复重要电力负荷，并能自我学习和持续提升的电网。

二、电力系统面临的安全风险和加强电力行业应急能力建设需求

通过近几年国内外发生的重要电力安全事件中可知，目前电力系统面临的风

险主要有三个方面：①天灾及重大事故，如 2008 年冰灾、2019 年盐城化工厂爆炸等事件；②连锁故障，如 2003 年美加大停电、2018 年的巴西大停电事件；③蓄意攻击，如 2019 年委内瑞拉大停电。

国家应急管理局和国家能源局联合发布了《关于进一步加强大面积停电事件应急能力建设的通知》（应急〔2019〕111 号）提高电网防灾抗灾能力。为贯彻习近平新时代中国特色社会主义思想和党的十九大精神，落实党中央、国务院关于安全生产应急管理工作的决策部署，全面加强电力行业应急能力建设，进一步提高电力突发事件应对能力，依据《中共中央国务院关于推进安全生产领域改革发展的意见》《国家突发事件应急体系建设"十三五"规划》《国家大面积停电事件应急预案》等，国家能源局进一步制定了《电力行业应急能力建设行动计划(2018—2020)》。该行动计划指出要深入开展电网风险研究，突出电网规划引领作用，统筹电源、电网建设和用户防灾资源，按照"重点突出、差异建设、技术先进、经济合理"的原则，适当提高电网设施灾害设防标准，有序推进重要城市和灾害多发地区关键电力基础设施防灾建设。

三、建设具有韧性特征的一流电网的需要

上海市提出建设能够应对各种风险、有快速修复能力的"韧性城市"目标，为超大城市电网安全管理提供了新的思路。地处改革创新的前沿，上海理应努力率先建设具有"韧性"特征的一流电网需要城市配电网在基本供电安全水平的基础上，具备一定的坚强韧性特征，具体可体现在以下三个方面：

（1）"常态情景下的电网稳定力"：确保电网正常运行时，能够平稳应对电源和负荷正常波动，以及各类随机缺陷和小扰动。

（2）"应急情景下的电网应变力"：确保电网发生较大缺陷或故障时，迅速完成风险源定位、危险传播路径辨识和系统风险评估，主动形成闭环安全防御策略。强化网络快速感应，推广秒级响应的配电自动化技术，推进大电网精准负荷控制和全域用户综合需求响应。强化重要负荷孤岛运行，优化配置自备电源、移动电源和分布式电源，满足重要负荷在脱网情况下平稳运行的条件。强化微电网可控性，实现微电网在极端情况下离网运行，保证微电网内部关键负荷的持续供电，缩短关键负荷的停电时间和范围。

（3）"极端情景下的电网恢复力"：确保电网遭受重大灾害情况下，最大限度减少故障损失，最快速度恢复正常供电能力。加强黑启动资源管理，开展资源综合利用和微电网黑启动路径研究。加强重点区域防灾减灾管控，做好城市枢纽变电站防护和大功率密集输电通道运行维护。推进完善应急联防联动机制，加强电

网安全治理与城市其他重要设施防护的跨区协同和两级政企联防，探索建立区域互济互保、责任共担共行机制。

综上，一流城市配电网的建设需要结合电网和韧性城市发展需求，加快细化建设举措，不断增强事前预防、事中防御和事后恢复能力，努力打造出城市配电网的安全样板。

第三节　钻石型城市配电网的安全韧性特性

为了提高应对新型电力系统"双高""双峰"等风险的能力和水平，保障城市电网在"常态化情景、应急情景、极端情景"的安全稳定运行，支撑上海安全韧性城市建设，服务国家能源战略和"双碳"目标，钻石型城市配电网相比于传统的配电网在安全韧性方面具备以下三个显著特点。

一、感知和实时重构能力

韧性电网的感知力是指全面、快速、准确感知电网运行状态，预测电网未来运行态势并针对潜在风险作出预警的能力，是保证韧性电网安全运行、防御恢复的重要基础。提升感知力的关键技术包括对电网当前态和未来态的识别、预测和预警技术等。韧性电网需要在事件发生的不同阶段具有足够的能力来应对极端破坏性事件，通过及时捕捉电网安全态势要素来分析电网安全态势的演变特征，并利用数据融合、状态估计和概率统计等方法对电网常态情景下运行态势、应急情景下和极端情景下电网故障态势进行分析和评估，进而预测未来一段时间内电网运行状态变化的趋势、极端事件下群发性故障发生概率、极端事件下连锁故障的潜在风险，并输出动态预警。

钻石型城市配电网不仅在开关站处配置了纵差保护，可感知开关站双环网接线中各线路段是否出现故障，同时配置的智能自愈系统还可感知线路及开关站状态全景信息、识别环网开环点，两者配合，可以准确感知电网的运行状态，快速实现网络重构。而传统开关站环网主保护采用过流保护，且用分段备自投进行供电恢复，因此在调整运行方式时需要对分段备自投的整定参数和过流保护的整定参数进行调整，无法实时进行网络重构。对于单花瓣和双花瓣接线来说，正常运行方式下花瓣闭环运行，花瓣内网络无法进行重构，而花瓣间网络若重构将打破闭环运行，因此网络重构能力也较弱。

以图 5-1 所示的钻石型城市配电网主干网（以 4 个开关站为例）的自愈配置方案为例，分析钻石型城市配电网配置的智能分布式自愈装置与开关站原有的保护装置之间的配合关系。

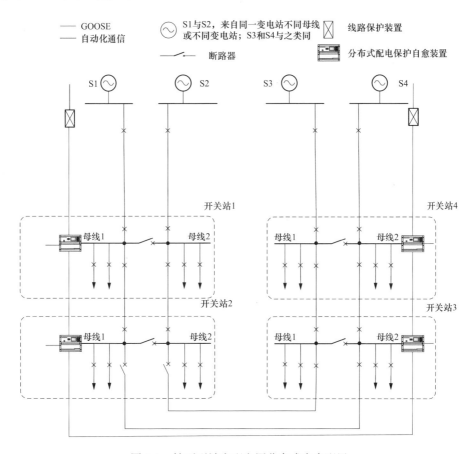

图 5-1　钻石型城市配电网分布式自愈配置

图 5-1 中，各开关站原配有单间隔的保护装置和分段备自投装置，主干线路原配有线路光纤纵差保护装置，变电站出线处配置过流后备保护，新增的智能分布式自愈装置与开关站原有的保护装置配合关系如下：

（1）开关站原有的线路光纤纵差保护装置的动作信号需通过硬接点（物理上可以看到的实际节点）方式接入到智能分布式配电保护自愈装置。

（2）开关站原有的分段备自投装置停运，由智能分布式配电保护自愈装置实现就地分段备自投功能。

由于钻石型城市配电网仅在变电站出线处配置过流后备保护，开关站处仅配置纵差保护，且分段备自投停用，因此在调整运行方式时无需对分段备自投的整定参数和纵差保护的整定参数进行调整，仅需对合环潮流进行校核之后便可以进

行实时的网络重构。

二、提升 10kV 主干网故障时的防御力及恢复力

钻石型城市配电网可防御主干线路单一故障、两点故障或检修情况下再出现故障的情况，提供多方向、多方式的负荷转移手段，如图 5-2 和图 5-3 所示。同时自愈系统中纵差保护可瞬时隔离故障线路；开关站母线联络开关备自投功能和环网线路自愈功能配合，可在应急或极端情况下实现秒级恢复供电。

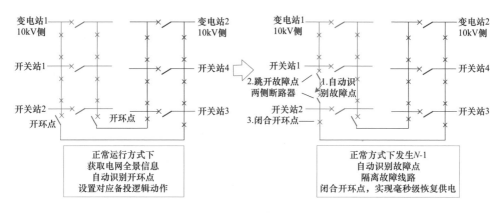

图 5-2　主干线路单一故障处理

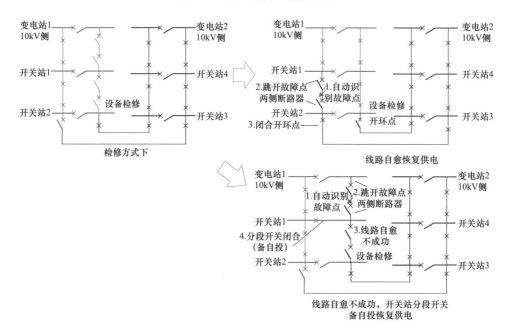

图 5-3　主干线多重故障处理

三、提升 110（35）kV 变电站主变压器故障时的防御力及恢复力

在提升 10kV 配电网防御力及恢复力的基础上，通过在 110（35）kV 变电站间建立负荷转移通道，支撑 110（35）kV 变电站可防御主变压器单一故障、2 台主变压器故障或 1 台主变压器检修同时 1 台主变压器故障，如图 5-4 所示。

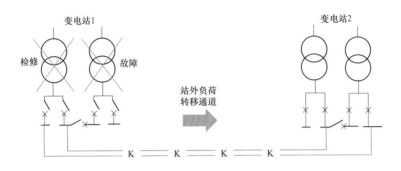

图 5-4　钻石配电网变电站站间负荷转移

第四节　基于 N-1 停运的负荷转移能力分析

配电系统网络结构是配电系统的筋骨，坚强的网络结构是配电系统安全可靠、经济优质运行的基础。在配电系统规划、运行及调度时，通常要检验配电网供电安全水平是否在 N-1 停运后的仍符合《配电网规划设计手册》（DL/T 5729—2016）的要求。对于中压配电网"满足 N-1"指中压配电网发生 N-1 停运时，非故障段应能通过继电保护自动装置、自动化手段或现场人工倒闸尽快恢复供电，故障段在故降修复后恢复供电。因此在日益发展的互联配电网络中，其在 N-1 停运后表现出的最大的负荷转移能力就显得尤为重要。基于此，本节对钻石型城市配电网、单环网、双环网、单花瓣以及双花瓣接线的 N-1 时的负荷转移能力进行了分析和对比。

一、不同网架结构负荷转移计算

（一）钻石型城市配电网

钻石型城市配电网的开关站串接数量一般为 4～6 座，如图 5-5 所示。正常工作状态下，若钻石型接线含 4 座开关站，则线路最大负载为 2 段母线（1 座开关站）负荷；若钻石型接线含 5 座开关站，则线路最大负载为 3 段母线（1.5 座开关站）负荷；若钻石型接线含 6 座开关站，则线路最大负载为 3 段母线（1.5 座开关站）负荷。每一段线路的负载情况如图 5-5 中线路上标注的数字所示。

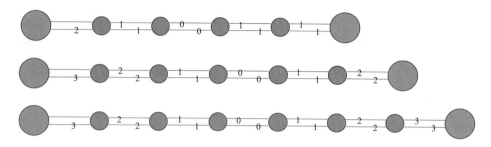

图 5-5　钻石型接线正常工作状态示意图

图 5-5 中黄色的圆点表示开关站，其内部接线如图 5-6 所示，两段母线中间的分段断路器根据运行需要打开或闭合。现状上海地区开关站整站负荷按最大值取 4MW，正常工作情况下，最大线路负载为 3 段母线时的工作电流约为 330A。

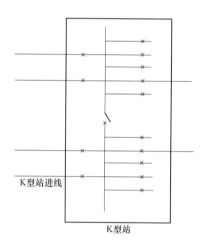

图 5-6　开关站内部接线图

线路 *N*-1 时各段线路所带的母线段数量见图 5-7 中的数字标示。以图 5-7 的（a）图为例，在左侧首段双回路出现 *N*-1 时，另一条线路最大负载为 3 段母线负荷，即左侧第一个开关站的两段母线和第二个开关站的一段母线（1.5 座开关站）。

假设各开关站负荷相同的情况下，下面来计算满足线路 *N*-1 时图 5-7 中各开关站高峰负荷控制值和最大负荷转移能力。以图 5-7（a）含 4 座开关站的钻石型城市配电网为例，单根 400mm² 截面电缆排管敷设时最大载流量为 360A，考虑功率因数影响，最大输送功率约为 6MW。图 5-7（a）中在左侧首段双回路出现 *N*-1 时，另一条线路最大负载为 3 段母线负荷，因此单段母线高峰负荷要控制在 2MW 以内，该线路负荷不超过 6MW，才能满足 *N*-1 安全供电要求，则开关站高峰负荷控制值为 4MW。其他情况同理进行计算，结果如表 5-1 所示。

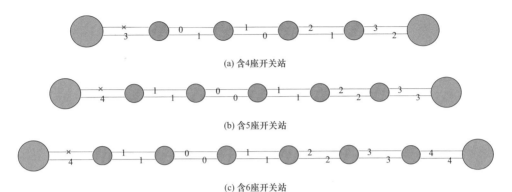

(a) 含4座开关站

(b) 含5座开关站

(c) 含6座开关站

图 5-7　线路 N-1 时钻石型城市配电网负荷转移示意图

表 5-1　满足 N-1 100％负荷转移时钻石型城市配电网开关站高峰负荷控制值

线路截面	开关站座数	开关站高峰负荷控制值（MW）	负荷高峰线路平均利用率	负荷高峰首段线路利用率	最大转移负荷（MW）
首段不双拼	4	4	26.7％	66.7％	4
	5	3	20.8％	62.5％	4.5
	6	3	21.4％	75％	4.5
首段双拼	4	6	28.5％	50％	6
	5	6	31.3％	62.5％	6
	6	4	22.2％	50％	6
首段、次段双拼	4	8	29.6％	66.7％	8
	5	6	25％	62.5％	9
	6	6	27.3％	75％	9

在线路全部采用单根 400mm² 截面电缆的情况下，根据开关站数量不同，开关站高峰负荷控制值为 3～4MW，负荷高峰线路平均利用率为 20.8％～26.7％，负荷高峰首段线路利用率为 62.5％～75％，最大转移负荷为 4～4.5MW。

在首段线路采用双拼 400mm² 截面电缆的情况下，开关站高峰负荷控制值为 4～6MW，负荷高峰线路平均利用率为 22.2％～31.3％，负荷高峰首段线路利用率为 50％～62.5％，最大转移负荷为 6MW。

在首段、次段线路均采用双拼 400mm² 截面电缆的情况下，开关站高峰负荷控制值为 6～8MW，负荷高峰线路平均利用率为 25％～29.6％，负荷高峰首段线路利用率为 62.5％～75％，最大转移负荷为 8～9MW。

（二）单环网和双环网

单环网线路 N-1 时各线路所带的母线段数量如图 5-8 所示。以含 2 座开关站的单环网为例，如图 5-8（a）所示，在首段线路 N-1 时，线路最大负载为 4 段母线（2 座开关站）负荷。

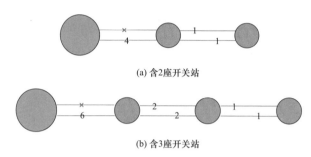

(a) 含2座开关站

(b) 含3座开关站

图 5-8　单环网接线 N-1 示意图

同理，在线路全部采用单根 400mm² 截面电缆的情况下，根据开关站数量不同，开关站高峰负荷控制值为 2～3MW，负荷高峰线路平均利用率为 16.7%～25%，负荷高峰首段线路利用率为 50%，最大转移负荷为 3MW。在首段线路采用双拼 400mm² 截面电缆的情况下，开关站高峰负荷控制值为 4～6MW，负荷高峰线路平均利用率为 25%～33%，负荷高峰首段线路利用率为 50%，最大转移负荷为 6MW。在首段、次段线路均采用双拼 400mm² 截面电缆的情况下，开关站高峰负荷控制值为 4～6MW，负荷高峰线路平均利用率为 20%～25%，负荷高峰首段线路利用率为 50%，最大转移负荷为 6MW。具体如表 5-2 所示。

表 5-2　满足 N-1 100% 负荷转移时单环网开关站高峰负荷控制值

线路截面	开关站座数	开关站高峰负荷控制值（MW）	负荷高峰线路平均利用率	负荷高峰首段线路利用率	最大转移负荷（MW）
首段不双拼	2	3	25%	50%	3
	3	2	16.7%	50%	3
首段双拼	2	6	33.3%	50%	6
	3	4	25%	50%	6
首段、次段双拼	2	6	25%	50%	6
	3	4	20%	50%	6

常规双环网接线的负荷转移计算和钻石型城市配电网类似，这里就不再赘述。

（三）单花瓣接线

单花瓣接线线路 N-1 时各线路所带的母线段数量如图 5-9 所示。以图 5-9

（a）中含 4 座开关站的单花瓣接线为例，在首段线路 *N*-1 时，线路最大负载为 4 段母线（2 座开关站）负荷。同理，含 5 座开关站和 6 座开关站的单花瓣接线在首段 *N*-1 时，各段线路数量见图 5-9（b）和（c）中的数字标示。

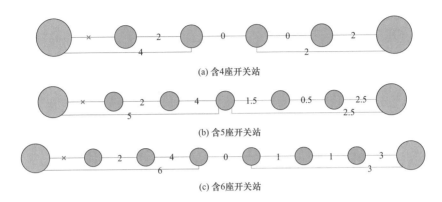

图 5-9　单花瓣接线 *N*-1 示意图

在线路全部采用单根 400mm² 截面电缆的情况下，根据开关站数量不同，开关站高峰负荷控制值为 2～3MW，负荷高峰线路平均利用率为 22.2％～28.6％，负荷高峰首段线路利用率为 50％，最大转移负荷为 3MW。在首段线路采用双拼 400mm² 截面电缆的情况下，开关站高峰负荷控制值为 3～6MW，负荷高峰线路平均利用率为 20.8％～36.4％，负荷高峰首段线路利用率为 31.3％～37.5％，最大转移负荷为 4.5～6MW。在首段、次段线路均采用双拼 400mm² 截面电缆的情况下，开关站高峰负荷控制值为 4～6MW，负荷高峰线路平均利用率为 23.5％～30.8％，负荷高峰首段线路利用率为 50％，最大转移负荷为 6MW。具体如表 5-3 所示。

表 5-3　满足 *N*-1 100％负荷转移时单花瓣接线开关站高峰负荷控制值

线路截面	开关站数量	开关站高峰负荷控制值（MW）	负荷高峰线路平均利用率	负荷高峰首段线路利用率	最大转移负荷（MW）
首段不双拼	4	3	28.6％	50.0％	3
	5	2.4	25.0％	50.0％	3
	6	2	22.2％	50.0％	3
首段双拼	4	6	36.4％	50.0％	6
	5	3	20.8％	31.3％	4.5
	6	3	23.1％	37.5％	4.5

续表

线路截面	开关站数量	开关站高峰负荷控制值（MW）	负荷高峰线路平均利用率	负荷高峰首段线路利用率	最大转移负荷（MW）
首段、次段双拼	4	6	30.8%	50.0%	6
	5	4	25.0%	50.0%	6
	6	4	23.5%	50.0%	6

（四）双花瓣接线

双花瓣接线线路 N-1 时各线路所带的母线段数量如图 5-10 所示。以图 5-10（a）中含 4 座开关站的双花瓣接线为例，在首段线路 N-1 时，线路最大负载为 4 段母线（2 座开关站）负荷。同理，含 5 座开关站和 6 座开关站的双花瓣接线在首段 N-1 时，各段线路所带的母线段数量见图 5-10（b）和（c）中的数字标示。

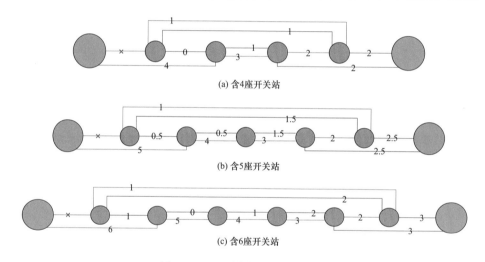

(a) 含4座开关站

(b) 含5座开关站

(c) 含6座开关站

图 5-10　双花瓣接线 N-1 示意图

在线路全部采用单根 400mm² 截面电缆的情况下，根据开关站数量不同，开关站高峰负荷控制值为 2~3MW，负荷高峰线路平均利用率为 14.3%~20.0%，负荷高峰首段线路利用率为 50%，最大转移负荷为 3MW。在首段线路采用双拼 400mm² 截面电缆的情况下，开关站高峰负荷控制值为 2.4~4MW，负荷高峰线路平均利用率为 13.3%~19.0%，负荷高峰首段线路利用率为 30.0%~33.3%，最大转移负荷为 3.6~4MW。在首段、次段线路均采用双拼 400mm² 截面电缆的情况下，开关站高峰负荷控制值为 3~6MW，负荷高峰线路平均利用率为 13.6%~22.2%，负荷高峰首段线路利用率为 37.5%~50%，最大转移负荷为 4.5~6MW。具体如表 5-4 所示。

表 5-4　　　　满足 N-1 100％负荷转移时双花瓣接线开关站高峰负荷控制值

线路截面	开关站座数	开关站高峰负荷控制值（MW）	负荷高峰线路平均利用率	负荷高峰首段线路利用率	最大转移负荷（MW）
首段不双拼	4	3	20.0％	50.0％	3
	5	2.4	16.7％	50.0％	3
	6	2	14.3％	50.0％	3
首段双拼	4	4	19.0％	33.3％	4
	5	3	15.6％	31.3％	3.75
	6	2.4	13.3％	30.0％	3.6
首段、次段双拼	4	6	22.2％	50.0％	6
	5	4	16.7％	41.7％	5
	6	3	13.6％	37.5％	4.5

二、不同网架结构负荷转移能力对比

综合以上分析，在考虑 N-1 条件下，由于钻石型城市配电网和常规双环网负荷转移通道多，负荷转移灵活，在开关站带负荷能力、线路利用率、最大转移负荷方面总体优于其他接线模式。虽然双花瓣接线和单花瓣接线负荷转移通道也较多，但是受限于其闭环运行的特征，N-1 条件下最大转移负荷较小。不同接线模式 N-1 负荷转移能力对比如表 5-5 所示。

表 5-5　　　　　　　　不同接线模式 N-1 负荷转移能力对比

线路截面	接线模式	开关站高峰负荷控制值（MW）	负荷高峰线路平均利用率	负荷高峰首段线路利用率	最大转移负荷（MW）
首段不双拼	钻石型城市配电网	3～4	20.8％～26.7％	62.5％～75％	4～4.5
	单环网	2～3	16.7％～25％	50％	3
	常规双环网	3～4	20.8％～26.7％	62.5％～75％	4～4.5
	双花瓣接线	2～3	14.3％～20.0％	50％	3
	单花瓣接线	2～3	22.2％～28.6％	50％	3
首段双拼	钻石型城市配电网	4～6	22.2％～31.3％	50％～62.5％	6
	单环网	4～6	25％～33％	50％	6
	常规双环网	4～6	22.2％～31.3％	50％～62.5％	6
	双花瓣接线	2.4～4	13.3％～19.0％	30.0％～33.3％	3.6～4
	单花瓣接线	3～6	20.8％～36.4％	31.3％～37.5％	4.5～6
首段、次段双拼	钻石型城市配电网	6～8	25％～29.6％	62.5％～75％	8～9
	单环网	4～6	20％～25％	50％	6
	常规双环网	6～8	25％～29.6％	62.5％～75％	8～9
	双花瓣接线	3～6	13.6％～22.2％	37.5％～50％	4.5～6
	单花瓣接线	4～6	23.5％～30.8％	50％	6

第五节　基于 N-1-1 停运的负荷转移能力分析

一、钻石型城市配电网

钻石型城市配电网在首端线路 N-1-1 时各线路所带的母线段数量如图 5-11 所示。以含 4 座开关站的钻石型城市配电网为例，在线路 N-1-1 时，线路最大负载为 4 段母线（2 座开关站）负荷，即 5-11（a）中最右侧的线路。

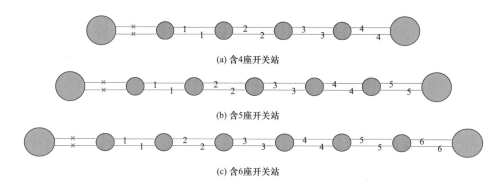

(a) 含4座开关站

(b) 含5座开关站

(c) 含6座开关站

图 5-11　线路 N-1-1 时钻石型城市配电网负荷转移示意图

在线路全部采用单根 400mm² 截面电缆的情况下，根据开关站数量不同，开关站高峰负荷控制值为 2.9～4.3MW，负荷高峰线路平均利用率为 20.4％～28.6％，负荷高峰首段线路利用率为 71.4％。在首段线路采用双拼 400mm² 截面电缆的情况下，开关站高峰负荷控制值为 3.4～5.7MW，负荷高峰线路平均利用率为 19.0％～27.2％，负荷高峰首段线路利用率为 42.9％～47.6％。在首段、次段线路均采用双拼 400mm² 截面电缆的情况下，开关站高峰负荷控制值为 4.3～8.6MW，负荷高峰线路平均利用率为 19.5％～31.7％，负荷高峰首段线路利用率为 53.6％～71.4％。具体如表 5-6 所示。

表 5-6　满足检修方式 N-1 100％负荷转移钻石型城市配电网开关站高峰负荷控制值

线路截面	开关站座数	开关站检修运行方式负荷控制值（MW）	开关站高峰负荷控制值（MW）	负荷高峰线路平均利用率	负荷高峰首段线路利用率
首段不双拼	4	3	4.3	28.6％	71.4％
	5	2.4	3.4	23.8％	71.4％
	6	2	2.9	20.4％	71.4％

线路截面	开关站座数	开关站检修运行方式负荷控制值（MW）	开关站高峰负荷控制值（MW）	负荷高峰线路平均利用率	负荷高峰首段线路利用率
首段双拼	4	4	5.7	27.2%	47.6%
	5	3	4.3	22.3%	44.6%
	6	2.4	3.4	19.0%	42.9%
首段、次段双拼	4	6	8.6	31.7%	71.4%
	5	4	5.7	23.8%	59.5%
	6	3	4.3	19.5%	53.6%

二、单环网和双环网

单环网不满足检修方式 N-1-1 安全校核；常规双环网接线和钻石型城市配电网类似，这里就不再赘述。

三、单花瓣接线

单花瓣接线线路 N-1-1 时各线路所带的母线段数量如图 5-12 所示。以含 4 座开关站的单花瓣接线为例，在线路 N-1-1 时，线路最大负载为 4 段母线（2 座开关站）负荷。

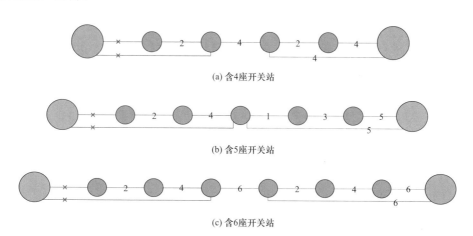

(a) 含4座开关站

(b) 含5座开关站

(c) 含6座开关站

图 5-12　单花瓣接线 N-1-1 示意图

在线路全部采用单根 400mm² 截面电缆的情况下，根据开关站数量不同，开关站高峰负荷控制值为 2.9~4.3MW，负荷高峰线路平均利用率为 20.4%~28.6%，负荷高峰首段线路利用率为 71.4%。在首段线路采用双拼 400mm² 截面电缆的情况下，开关站高峰负荷控制值为 2.9~4.3MW，负荷高峰线路平均利用率为 15.9%~22.3%，负荷高峰首段线路利用率为 35.7%~44.6%。在首段、次段线路均采用双拼 400mm² 截面电缆的情况下，开关站高峰负荷控制值为 2.9~6.9MW，负荷高峰线路平均利用率为 13.0%~28.6%，负荷高峰首段线路利用率为 35.7%~71.4%。具体如表 5-7 所示。

表 5-7　满足 N-1-1 100%负荷转移时单花瓣接线开关站高峰负荷控制值

线路截面	开关站座数	开关站检修运行方式负荷控制值（MW）	开关站高峰负荷控制值（MW）	负荷高峰线路平均利用率	负荷高峰首段线路利用率
首段不双拼	4	3	4.3	28.6%	71.4%
	5	2.4	3.4	23.8%	71.4%
	6	2	2.9	20.4%	71.4%
首段双拼	4	3	4.3	20.4%	35.7%
	5	3	4.3	22.3%	44.6%
	6	2	2.9	15.9%	35.7%
首段、次段双拼	4	3	4.3	15.9%	35.7%
	5	4.8	6.9	28.6%	71.4%
	6	2	2.9	13.0%	35.7%

四、双花瓣接线

双花瓣接线线路 N-1-1 时各线路所带的母线段数量如图 5-13 所示。

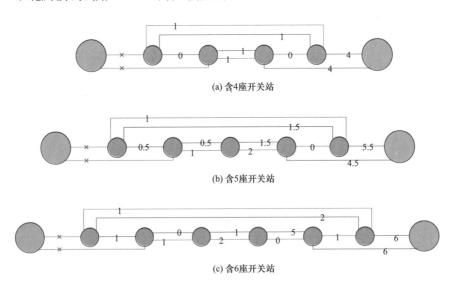

(a) 含4座开关站

(b) 含5座开关站

(c) 含6座开关站

图 5-13　双花瓣接线 N-1-1 示意图

以图 5-13 中含 4 座开关站的双花瓣接线为例,在线路 N-1-1 时,线路最大负载为 4 段母线(2 座开关站)负荷。在线路全部采用单根 400mm² 截面电缆的情况下,根据开关站数量不同,开关站高峰负荷控制值为 2.9～4.3MW,负荷高峰线路平均利用率为 20.4％～28.6％,负荷高峰首段线路利用率为 64.9％～71.4％。在首段线路采用双拼 400mm² 截面电缆的情况下,开关站高峰负荷控制值为 3.4～8.6MW,负荷高峰线路平均利用率为 19.0％～40.8％,负荷高峰首段线路利用率为 42.9％～71.4％。在首段、次段线路均采用双拼 400mm² 截面电缆的情况下,开关站高峰负荷控制值为 5.7～8.6MW,负荷高峰线路平均利用率为 26.0％～31.7％,负荷高峰首段线路利用率为 64.9％～71.4％。具体如表 5-8 所示。

表 5-8   满足 N-1-1 100％负荷转移时双花瓣接线开关站高峰负荷控制值

线路截面	开关站座数	开关站检修运行方式负荷控制值(MW)	开关站高峰负荷控制值(MW)	负荷高峰线路平均利用率	负荷高峰首段线路利用率
首段不双拼	4	3	4.3	28.6％	71.4％
	5	2.18	3.1	21.6％	64.9％
	6	2	2.9	20.4％	71.4％
首段双拼	4	6	8.6	40.8％	71.4％
	5	4.36	6.2	32.4％	64.9％
	6	2.4	3.4	19.0％	42.9％
首段、次段双拼	4	6	8.6	31.7％	71.4％
	5	4.36	6.2	26.0％	64.9％
	6	4	5.7	26.0％	71.4％

五、对比分析

综合以上分析,在考虑 N-1-1 条件下,由于双花瓣接线线路负荷分布较为均匀,在开关站带负荷能力、线路利用率、最大转移负荷方面总体优于其他接线模式,但要打破花瓣闭环运行的条件。单环网接线不满足 N-1-1 安全校核,单花瓣接线受制于花瓣间线路输送能力,负荷转移能力相对较差。

N-1-1 虽然发生概率较低,但仍然有可能出现,因此在考察不同接线在 N-1-1 方式下(见表 5-9)的负荷转移能力后发现,钻石型城市配电网和其他的接线类型相比仍然具有较大的优势,因此构建钻石型城市配电网对于提高城市配电网的应变力和防御力效果较为显著。

表 5-9 不同接线模式 N-1-1 负荷转移能力对比

线路截面	接线模式	开关站高峰负荷控制值（MW）	负荷高峰线路平均利用率	负荷高峰首段线路利用率
首段不双拼	钻石型城市配电网	2.9～4.3	20.4%～28.6%	71.4%
	单环网	—	—	—
	常规双环网	2.9～4.3	20.4%～28.6%	71.4%
	双花瓣接线	2.9～4.3	20.4%～28.6%	64.9%～71.4%
	单花瓣接线	2.9～4.3	20.4%～28.6%	71.4%
首段双拼	钻石型城市配电网	3.4～5.7	19.0%～27.2%	42.9%～47.6%
	单环网	—	—	—
	常规双环网	3.4～5.7	19.0%～27.2%	42.9%～47.6%
	双花瓣接线	3.4～8.6	19.0%～40.8%	42.9%～71.4%
	单花瓣接线	2.9～4.3	15.9%～22.3%	35.7%～44.6%
首段、次段双拼	钻石型城市配电网	4.3～8.6	19.5%～31.7%	53.6%～71.4%
	单环网	—	—	—
	常规双环网	4.3～8.6	19.5%～31.7%	53.6%～71.4%
	双花瓣接线	5.7～8.6	26.0%～31.7%	64.9%～71.4%
	单花瓣接线	2.9～6.9	13.0%～28.6%	35.7%～71.4%

第六节 小　　结

本章针对城市配电网供电安全和坚强韧性的要求，分析了钻石型城市配电网的供电安全水平，主要结论如下：

（1）钻石型城市配电网在满足基本供电安全水平的基础上，具备高安全性的特征和抵御 N-1、N-1-1 停运的能力。

（2）钻石型城市配电网能够实现非故障段负荷的秒级恢复，满足且高于现行 A+类地区 10kV 非故障段负荷 3～5min 内恢复供电的要求，优于常规采用配电自动化恢复供电的单环网和双环网接线。

（3）钻石型城市配电网具备强大的负荷转移能力，可有力支撑故障情况下，非故障段线路恢复负荷的需要。

（4）钻石型城市配电网可适应应急情况和极端情况下电网韧性的需求，主干网结构提供了多方向、多方式的负荷转移手段，满足 N-1-1 校验且在 N-1-1 停运时仍具备较好负荷转移能力。

（5）除线路之间负荷转移强大外，钻石型城市配电网还在变电站间构筑了一道站间负荷转移通道，可支撑 110（35）kV 变电站的防御力及恢复力，提升变电站的供电安全和坚强韧性。

第六章　钻石型城市配电网的分布式电源友好接入能力

第一节　概　　述

自《巴黎协定》提出 21 世纪中叶全球气温上升幅度控制在 2℃ 以内的目标以来，越来越多的国家政府为了实现可持续发展目标，大力开发绿色能源，提出"零碳社会（zero-carbon society）""净零排放（net-zero emissions）"等未来发展愿景。2020 年 12 月 12 日，习近平主席在气候雄心峰会上宣布到 2030 年中国非化石能源占一次能源消费比重将达到 25％ 左右，风电、太阳能发电总装机容量将达到 1200GW 以上。

全球能源互联网发展合作组织在 2021 年 3 月发布的《中国 2060 年前碳中和研究报告》中指出，实施"两个替代（能源生产清洁化和能源消费电气化）＋中国能源互联网"对中国碳中和的贡献度将在 80％，是"双碳"目标的主要实现路径和最根本措施。在尽早达峰阶段，关键要控制化石能源总量，提高清洁能源发展速度，如果每年风、光新能源发电装机容量增长 120GW 以上，则可实现以较低的峰值达峰，并为碳中和争取时间。在快速减排阶段，要先经过达峰后稳中有降的过程，进入加速减排轨道。其主要驱动力就是以更加先进成熟的新能源发电、储能、特高压、电制氢和合成燃料等技术为支撑的中国能源互联网。在全面中和阶段，依托深度脱碳、碳捕集与封存技术和碳汇资源中和剩余少量的化石能源碳排放。

高比例的分布式电源和新型负荷接入配电网后，其波动性、间歇性、低可控性等问题不但给配电网的安全可靠运行带来巨大挑战，同时也给配电网规划带来复杂性与不确定性。配电网如何进一步发挥资源配置作用，促进清洁能源高效转换，推动高比例分布式清洁能源和新型负荷的"即插即用"和全额消纳，提升配电网对用户的接纳能力，成为亟待解决的问题。

本章主要分析在"双碳"目标和构建新型电力系统的背景下，钻石型城市配电网如何有效支撑分布式电源的友好接入。

第二节　分布式电源对配电网的影响

分布式电源指的是位于用户附近的各种小型的（小于50MW）模块化的电能生产或存储技术。在不同的研究领域，分布式电源有不同的分类方式。一般可以根据分布式电源的技术类型、所使用的一次能源及和电力系统的接口技术进行分类。

根据分布式电源通常所使用的技术可分为：柴（汽）油机组发电、水力发电、风力发电、光伏发电、太阳热发电、燃气轮机组发电和燃料电池等。它们所使用的能源有化石燃料、可再生能源及电能的储存（electric storage）。目前，分布式电源研究和应用的热点包括可再生能源发电技术和储能技术。若分布式电源与电力系统相连，则可以根据分布式电源并网技术的类型分类，即直接与系统相联（机电式）和通过逆变器与系统相联两大类。若分布式电源是旋转式发电机直接发出工频交流电则属于第一类，例如小型燃气轮机组发电、地热发电、水力发电、太阳热发电等；而逆变器型分布式电源通常指的是需要逆变上网的分布式电源（如风力发电、光伏发电、燃料电池及各种电能储存技术）和发出高频交流电的分布式电源（微透平机组）。

分布式电源一般接入电压等级低，就地满足用户能源需求，是促进节能减排、提高能源利用效率、提升供电安全的重要途径。但是分布式电源单体装机容量小、数量大、并网点多、电源种类多，接入配电网，会给电网的运行、控制和保护等带来一系列的影响。基于此，当分布式电源接入到城市配电网之后，对其产生的影响主要包括以下四个方面。

一、对电网的稳定运行带来了不确定性的影响

在"双碳"目标的发展背景下，大量的分布式发电并于中压或低压配电网上运行，但是传统配电网的规划建设并未充分考虑能源在配电侧的接入，当大量分布式电源接入配电系统后，配电系统将由原来单一电能分配的角色转变为集电能

收集、电能传输、电能存储和电能分配于一体的有源配电网。分布式电源的出力具有一定的随机性、间歇性和不确定性，在潮流倒送的情况下会引起受电端电压越上限，传统配电系统中保护设备之间建立起来的配合关系被打破，可能出现自动重合闸不适应以及孤岛供电现象等，对人员、设备和电网的安全、供电经济性、可靠性等都会带来影响，给配电网规划建设、运行控制和电能质量治理带来新的挑战。

因此在保证安全、可靠运行和满足电能质量、用电需要的前提下，相关企业或部门一方面需要根据经济调度的基本原理，加强调度管理，做好负荷预测，做到供需平衡，制定各厂（站）之间或机组之间的最优负荷分配方案，使整个电网的能耗或运行费用最少，从而获得最大的社会和环境效益；另一方面需提升电网规划网架对不确定性接入要素的适应性。

二、注入谐波的产生机理、 传播特性更加复杂

以光伏发电为代表的逆变器型分布式电源并网导致系统中大量电力电子转换装置的应用，这类装置是通过电力电子器件的频繁通断来实现电力变换功能的，因而输入输出关系存在明显的非线性特征，其在注入谐波方面的影响较为突出（如更高的谐波频率）。分布式电源数量增多，将会使谐波本身的产生机理、传播特性更加复杂，且更易于引起谐波谐振和稳定性相关问题。

由于分布式电源距离负荷较近，因此产生的谐波对负荷供电质量的影响将强于系统中的常规谐波。此外，由于接入配电网的电压等级较低，阻抗标幺值相对较大，在谐波电流产生的情况下，线路两端的谐波电压问题将更加凸显。由于分布式电源输出特性具有较强的波动性和随机性，因此谐波分析和抑制难度也相应提升。

三、改变故障电流特性

越来越多的分布式电源通过大功率电力电子设备接入配电网，导致配电网的结构和属性发生很大变化，尤其在配电网故障后，分布式电源对故障电流的贡献会使得配电网故障电流特性发生巨大改变。

故障电流的变化不仅会对电网和分布式电源的运行控制和保护带来多方面的影响，而且会导致以交流同步电机作为供电电源的传统短路电流分析理论和方法难以满足分布式电源接入后电网故障分析的要求。

逆变型分布式电源的控制策略对其故障电流特性起决定性影响，尤其在计及低电压穿越（low voltage ride though，LVRT）控制策略时，故障电流特性变得更为复杂。根据 LVRT 要求，并网点电压跌落程度不同，逆变型分布式电源具

有恒功率、故障穿越以及脱网三种不同输出模式，一方面故障类型以及故障发生位置的不同均导致并网点电压跌落程度不同，导致不同逆变型分布式电源（inverter interfaced distributed generator，IIDG）输出模式可能不同，另一方面逆变型分布式电源在 LVRT 控制策略下不同的输出模式对并网点电压又具有不同的支撑作用，尤其 IIDG 高密度接入时各分布式电源彼此之间相互影响，故障电流呈现非线性时空关联特性，难以量化分析与建模。

因此在对分布式电源进行接入系统方案设计时需同时计算不同类型的电源注入系统的短路电流，校核接入点的短路电流水平。目前短路电流分析中通常研究的分布式电源类型为：同步发电机、异步发电机、双馈异步风力发电机以及逆变器并网型 4 种，而且大部分是通过仿真平台实现的。如通过 RTDS 仿真平台搭建分布式电源模型以研究其故障及切除过程的暂态特性，基于 PSCAD/EMTDC 仿真软件研究对称以及不对称故障下的分布式电源的故障特性；基于 Simulink 仿真软件研究分析逆变器的控制参数对 IIDG 的暂态影响，并研究了 PQ 等控制策略在不对称故障时对短路电流特性的影响。

现有的研究一般认为，诸如光伏、燃料电池等逆变器分布式电源，由于容量较小以及逆变器对短路电流的限制作用，当电网发生故障时，其向电网馈入的短路电流对系统故障电流水平的影响较小，故更多关注旋转类电机的故障特性。但随着分布式电源的大规模接入和逆变器单元容量的不断增加，需要对基于逆变器类电源的故障特征有更全面的认识，包括最大冲击电流、暂态衰减时常，故障过程中逆变器控制器和限流保护的动态行为等重要特性。另外，从现有的文献所提出的保护方案看，一般将分布式电源简化为不计衰减的恒定电流源或含内阻抗的恒定电势源，没有考虑不同分布式电源所提供的短路电流的特性差异，也没有考虑分布式电源自身的保护动作对于短路电流的影响。

逆变器型电源的短路特性与逆变器的制造工艺及其内部电力电子元器件相关性比较高，若材料较好，短路过流能力会较强，反之则弱。当无法确定光伏和储能逆变器具体短路特征参数时，考虑一定裕度，光伏和储能设备提供的短路电流一般按照 1.5 倍额定电流计算。

四、导致保护配合失误

在电网故障情况下，分布式电源并网点电压会发生跌落或抬升，甚至频率也将发生异常。因此，电网故障会给分布式电源机组带来较为强烈的暂态过程，出现过压、过流等现象。在以往分布式电源并网容量有限的前提下，为了保证电网故障情况下分布式电源机组的自身安全，同时避免分布式电源接入对电网保护与控制带来的影响，规定：当电网发生故障或扰动时，分布式电源应迅速脱网。但上述规定在很大程度上降低了分布式电源的利用率，且难以实现故障紧急情况下对电网的电源支持，削弱了分布式电源提高供电可靠性的优势。

针对此，各国电力公司及电网运营商纷纷提出了新的分布式电源并网规范，即要求分布式电源具备低电压穿越能力。这对传统电网继电保护的性能带来了严重的不利影响。其原因在于，电网故障期间分布式电源馈出的短路电流与传统的交流同步电机相比存在较大差异，导致故障后电网的电气量变化特征发生显著变化，从而使得传统电网的故障检测方法、继电保护原理等难以满足电网安全稳定运行的要求。

分布式电源接入给传统电网的故障分析方法和继电保护原理带来的影响主要表现在以下两个方面：

首先，分布式电源的发电模式及并网方式多样，其馈入电网的故障电流暂态特性和稳态特性等与传统交流同步发电机相比均存在较大不同，这在本节的三、改变故障电流特性中已经进行了详细的说明。此外，不同类型的分布式电源所采用的控制策略以及配置的本体保护存在很大差异，这使得故障时电网短路电流变化特征变得更为复杂。因此，不但传统的以交流同步电机供电电源为基础的短路电流分析理论和方法已难以满足分布式电源接入后电网故障分析的要求，而且以交流同步电机故障特征为基础的配电网继电保护配置也带来了严峻的挑战。例如，分布式电源的容量一般比较小，大多以 35kV 或 10kV 及以下电压等级接入电力系统。一般而言，传统的 35kV 或 10kV 电网按单电源辐射型网络设计，保护多采用带反时限的过流保护。并入分布式电源后，可能会改变短路电流的大小和分布，从而导致过流保护配合失误；另外，目前配电网 35kV 变电站的变压器后备保护均按低压侧无电源来考虑保护配置，当主变压器低压侧接有分布式电源，在主变压器后备保护区内故障时，可能会造成电磁型差动保护拒动；还有，当配电网中 110kV 及以下电压等级变电站的中、低压侧各母线之间的断路器上配置备自投装置，并以同电压等级相关母线的电压量为动作判据时，在一段母线失电，同时确认另一侧作为备用电源的母线有电且电源断路器合上的情况下经一定延时跳开失电母线的电源断路器，并确认断路器在跳闸位置时，分段断路器方可合闸。失压母线低电压定值整定得较低，当该母线上并入小发电机组运行时，由于小电源对电压的影响，备自投动作装置整定的灵敏度将会降低甚至无法实现正常动作，将影响系统运行的可靠性。

其次，分布式电源的出力受自然环境和气候等因素的影响较大，具有明显的

随机性、间歇性的特征。这种复杂多变的运行方式要求继电保护具有高度的自适应能力，而传统继电保护装置则往往难以兼顾速动性、灵敏性和选择性等方面的不同要求，严重时可能出现误动或拒动，危及电网的安全稳定运行。另一方面，分布式电源馈出的短路电流变化特性复杂，导致传统的基于工频稳态分量的继电保护性能严重劣化，甚至无法正常工作。

综上所述，分布式电源的接入导致传统电网的故障检测方法和继电保护配置难以满足电网安全运行要求，这已成为制约分布式电源进一步发展和应用的重要技术屏障。

第三节　分布式电源接入配电网的技术要求

无论是配电系统在正常工作情况下运行的经济性、调度操作的灵活性、供电的可靠性，还是系统在故障工作情况下进行故障隔离、检修，以及修复后的供电恢复操作甚至电气设备的选择等，应充分考虑分类分布式电源接入单元的特点，使之符合发展需要和供电要求。

总体来说，当分布式电源接入配电网时，必须能够在实现接入的灵活性的基础上保证接入的安全性，同时处理好技术的先进性与适用性的关系，具体要处理好如下问题：

（1）应该充分利用分布式电源设施的特点，结合智能化微网等技术手段，明确不同的参数设置和不同的网架形式下的接入条件，优化含分布式电源设施的配电网运行及管理水平，使配电网可以更加灵活的接纳更多的分布式电源设施。

（2）应根据分布式电源接入容量合理选择接入电压等级及接入方式，配合必要的控制及保护手段，减少接入后可能对配电网产生的电压波动、谐波、继电保护等方面的不利影响，保证电网的安全运行。

（3）应注重先进电网技术、信息技术的应用，处理好技术的先进性与适用性的关系。有计划、有重点地分步建设，实现能源资源的综合利用，为电网持续向更加智能化的方向转型发展和"双碳"发展目标早日实现打下坚实基础。

国外已经出台了较多的分布式电源并网技术标准，如 IEEE 1547 系列标准、加拿大 C22.2NO.257 标准、德国 VDE-AR-N 4105、VDE-AR-N 4110 等。

中国出版和发布的涉及分布式电源的标准主要包括基础通用、技术要求、试验检测、运行维护和调度管理五大类 35 项分布式电源相关国家标准、行业标准、企业标准及管理制度，具体可见国家电力调度控制中心编写的《分布式电源标准制度汇编》。其中，2017 年 5 月发布的《分布式电源并网技术要求》（GB/T 33593—2017）和《分布式电源并网运行控制规范》（GB/T 33592—2017），适用于通过 35kV 及以下电压等级接入电网的新建、改建和扩建分布式电源。GB/T 33593—2017 规定了分布式电源接入电网设计、建设和运行应遵循的一般原则和技术要求，内容涵盖电能质量、功率控制和电压调节、启停、运行适应性、安全、继电保护与安全自动装置、通信与信息、电能计量、并网检测等。GB/T 33592—2017 则规定了并网分布式电源在并网/离网控制、有功功率控制、无功电压调节、电网异常响应、电能质量监测、通信与自动化、继电保护及安全自动装置、防雷接地方面的运行控制要求，其并网技术要求相关条款和指标，均采用了 GB/T 33593—2017 的相关内容。

下面我们就接入配电网的电源的接入点和接入容量、接入系统典型设计以及对保护配置的要求分别进行介绍。

一、对接入点与接入容量的要求

电源的并网电压等级应与电源的规模相匹配，在此基础上选取相应的接入点。一般而言，可按表 6-1 给出的参照标准进行选择。

表 6-1　　　　　　　　　电源接入点、接入容量选择标准

规模	并网电压等级	单个并网点容量	接入点
大型源储类设施	110（66）kV 及以上	20MW 以上	用户开关站、配电室或箱式变电站母线
中型源储类设施	35kV	5MW～20MW	用户开关站、配电室或箱式变电站母线、环网单元
	10kV	400kW～6MW	
小型源储类设施	380V	400kW 以下	用户配电室、箱式变电站低压母线或用户计量配电箱
	220V	8kW 以下	

注　若高、低两级电压均具备接入条件，优先采用低电压等级接入。

为保证电网运行的安全可靠，变流器类型分布式电源接入容量超过本台区配电变压器额定容量 25％时，配电变压器低压侧刀熔总开关应改造为低压断路器，并在配电变压器低压母线处装设反孤岛装置；低压断路器应与反孤岛装置间具备操作闭锁功能，母线间有联络时，联络开关也应与反孤岛装置间具备操作闭锁功能。

二、接入系统典型设计方案

各类发电设施接入中低压网络的设计方案需结合电网规划、电源规划的标准要求，按照就地平衡消纳的原则进行设计。应结合电能消纳方式、并网容量和现场实际情况等来选择适用的接入方案。按照电能消纳方式属于统购统销还是用户

内部自用、余量上网，可分别采取接入公共电网的连接方式和接入用户电网的连接方式；按照单个并网点的容量和现场接线、布置的方便，可有针对性地选择接入点。

（一）中压配电网分布式电源接入典型设计

中压配电网分布式电源接入典型设计共分为 7 类，如表 6-2 所示。其中方案 1~4 主要适用于统购统销（接入公共电网）的分布式电源，接入方式为单点接入，送出线回路数 1 回的情况；区别是接入点、接入容量范围不同。方案 5 适用于同一用户内部自发自用/余量上网（接入用户电网）的分布式电源，接入方式为多点接入。方案 6 适用于自发自用/余量上网（接入用户电网）的分布式电源。方案 7 也是适用于统购统销（接入公共电网）的分布式电源，但是接入方式为多点接入。

表 6-2　　　　　　　　　接入中压网络典型方案汇总

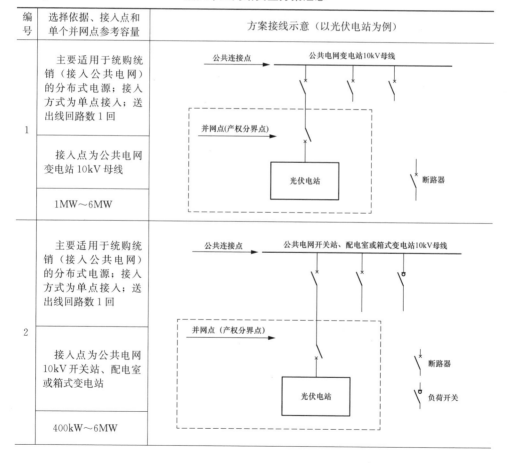

编号	选择依据、接入点和单个并网点参考容量	方案接线示意（以光伏电站为例）
1	主要适用于统购统销（接入公共电网）的分布式电源；接入方式为单点接入；送出线回路数 1 回　接入点为公共电网变电站 10kV 母线　1MW~6MW	
2	主要适用于统购统销（接入公共电网）的分布式电源；接入方式为单点接入；送出线回路数 1 回　接入点为公共电网 10kV 开关站、配电室或箱式变电站　400kW~6MW	

编号	选择依据、接入点和单个并网点参考容量	方案接线示意（以光伏电站为例）
3	主要适用于统购统销（接入公共电网）的分布式电源；接入方式为单点接入；送出线回路数 1 回 接入点为 T 接公共电网 10kV 线路 400kW～6MW	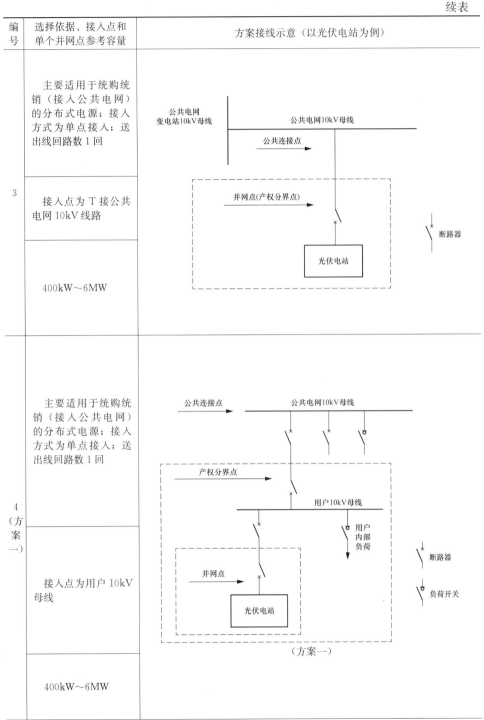
4（方案一）	主要适用于统购统销（接入公共电网）的分布式电源；接入方式为单点接入；送出线回路数 1 回 接入点为用户 10kV 母线 400kW～6MW	

续表

编号	选择依据、接入点和单个并网点参考容量	方案接线示意（以光伏电站为例）
4（方案二）	主要适用于统购统销（接入公共电网）的分布式电源；接入方式为单点接入；送出线回路数1回 接入点为用户10kV母线 400kW～6MW	公共电网变电站10kV母线　公共电网10kV线路　公共连接点 产权分界点　用户10kV母线　用户内部负荷 并网点　光伏电站 断路器　负荷开关 （方案二）
5（方案一）	主要适用于同一用户内部自发自用/余量上网（接入用户电网）的分布式电源；接入方式为多点接入 接入点为用户10kV开关站、配电室或箱式变电站 400kW～6MW	公共连接点　公共电网10kV母线 产权分界点　用户10kV线路 用户内部负荷 用户内部负荷 并网点 光伏电站　光伏电站 光伏电站 断路器　负荷开关 （方案一）

续表

编号	选择依据、接入点和单个并网点参考容量	方案接线示意（以光伏电站为例）
5（方案二）	主要适用于同一用户内部自发自用/余量上网（接入用户电网）的分布式电源；接入方式为多点接入 接入点为用户10kV开关站、配电室或箱式变电站 400kW～6MW	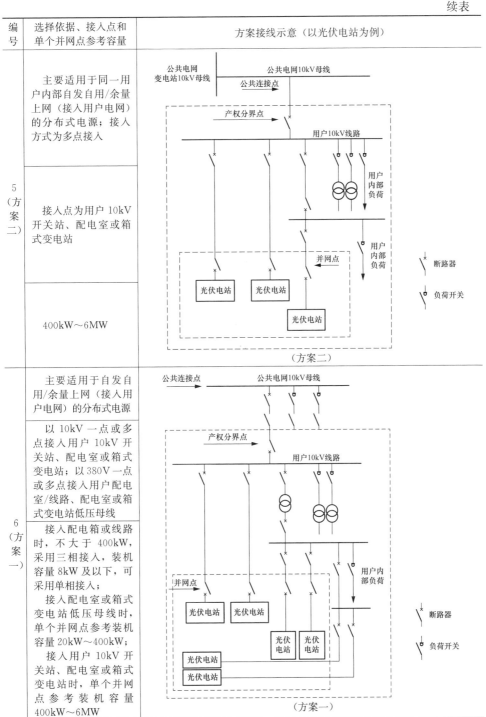
6（方案一）	主要适用于自发自用/余量上网（接入用户电网）的分布式电源 以10kV一点或多点接入用户10kV开关站、配电室或箱式变电站；以380V一点或多点接入用户配电室/线路、配电室或箱式变电站低压母线 接入配电箱或线路时，不大于400kW，采用三相接入，装机容量8kW及以下，可采用单相接入；接入配电室或箱式变电站低压母线时，单个并网点参考装机容量20kW～400kW；接入用户10kV开关站、配电室或箱式变电站时，单个并网点参考装机容量400kW～6MW	

续表

编号	选择依据、接入点和单个并网点参考容量	方案接线示意（以光伏电站为例）
6（方案二）	主要适用于自发自用/余量上网（接入用户电网）的分布式电源	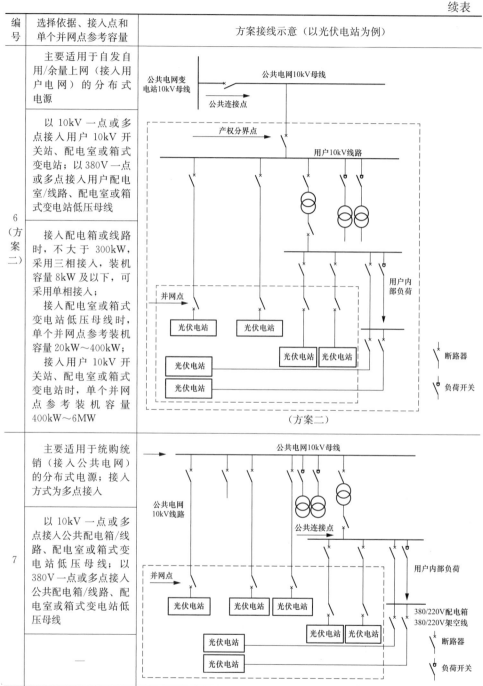
	以 10kV 一点或多点接入用户 10kV 开关站、配电室或箱式变电站；以 380V 一点或多点接入用户配电室/线路、配电室或箱式变电站低压母线	
	接入配电箱或线路时，不大于 300kW，采用三相接入，装机容量 8kW 及以下，可采用单相接入；接入配电室或箱式变电站低压母线时，单个并网点参考装机容量 20kW～400kW；接入用户 10kV 开关站、配电室或箱式变电站时，单个并网点参考装机容量 400kW～6MW	
7	主要适用于统购统销（接入公共电网）的分布式电源；接入方式为多点接入	
	以 10kV 一点或多点接入公共配电箱/线路、配电室或箱式变电站低压母线；以 380V 一点或多点接入公共配电箱/线路、配电室或箱式变电站低压母线	
	—	

注　1. 表中参考容量仅为建议值，具体工程设计中可根据电网实际情况进行适当调整；
　　2. 图中采用负荷开关的地方也可以使用断路器。

（二）低压配电网分布式电源接入典型设计

低压配电网分布式电源接入典型设计共分为 6 类，如表 6-3 所示。其中方案 1 和方案 2 主要适用于统购统销（接入公共电网）的分布式电源，接入方式为单点接入，送出线回路数 1 回；区别是接入点、接入容量范围不同。方案 3 和方案 4 主要适用于自发自用/余量上网（接入用户电网）的分布式电源，接入方式为单点接入，送出线回路数 1 回；区别也是接入点、接入容量范围不同。方案 5 主要适用于自发自用/余量上网（接入用户电网）的分布式电源，接入方式为多点接入。方案 6 主要适用于统购统销（接入公共电网）的分布式电源，接入方式为多点接入。

表 6-3　　　　　　　　　　　接入低压网络典型方案汇总

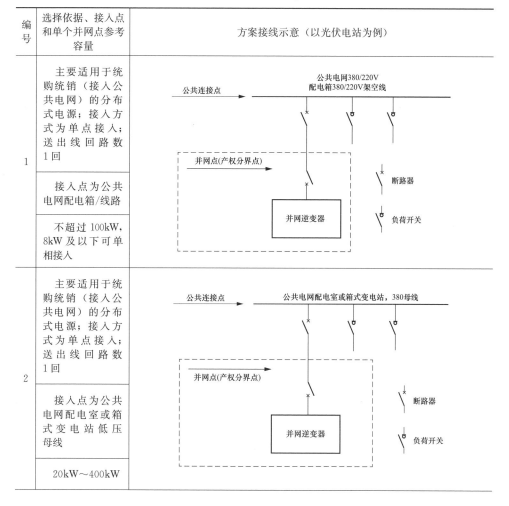

编号	选择依据、接入点和单个并网点参考容量	方案接线示意（以光伏电站为例）
1	主要适用于统购统销（接入公共电网）的分布式电源；接入方式为单点接入；送出线回路数 1 回	
	接入点为公共电网配电箱/线路	
	不超过 100kW，8kW 及以下可单相接入	
2	主要适用于统购统销（接入公共电网）的分布式电源；接入方式为单点接入；送出线回路数 1 回	
	接入点为公共电网配电室或箱式变电站低压母线	
	20kW～400kW	

 钻石型城市配电网

续表

编号	选择依据、接入点和单个并网点参考容量	方案接线示意（以光伏电站为例）
3	主要适用于自发自用/余量上网（接入用户电网）的分布式电源；接入方式为单点接入；送出线回路数1回 接入点为用户配电箱/线路 不超过400kW，8kW及以下可单相接入	（方案一） （方案二）

88

续表

编号	选择依据、接入点和单个并网点参考容量	方案接线示意（以光伏电站为例）
4	主要适用于自发自用/余量上网（接入用户电网）的分布式电源；接入方式为单点接入；送出线回路数1回 接入点为用户配电室或箱式变电站低压母线 20kW～400kW	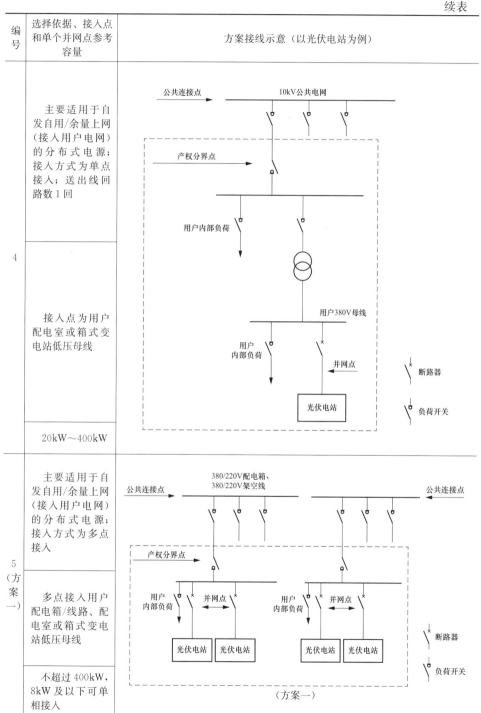
5 （方案一）	主要适用于自发自用/余量上网（接入用户电网）的分布式电源；接入方式为多点接入 多点接入用户配电箱/线路、配电室或箱式变电站低压母线 不超过400kW，8kW及以下可单相接入	

续表

编号	选择依据、接入点和单个并网点参考容量	方案接线示意（以光伏电站为例）
5（方案二）	主要适用于自发自用/余量上网（接入用户电网）的分布式电源；接入方式为多点接入 多点接入用户配电箱/线路、配电室或箱式变电站低压母线 不超过 400kW，8kW 及以下可单相接入	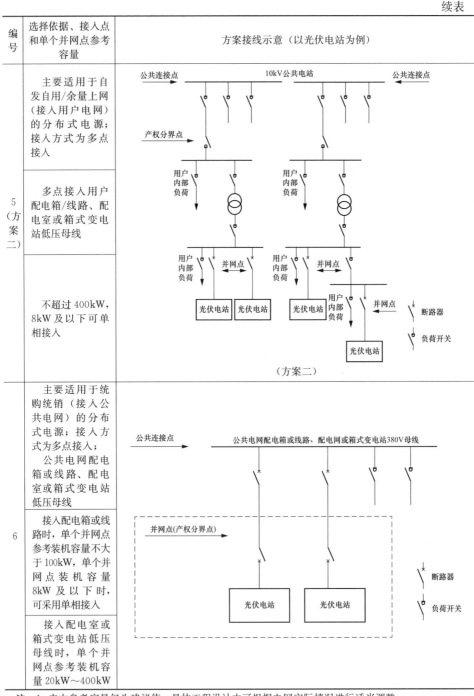 （方案二）
6	主要适用于统购统销（接入公共电网）的分布式电源；接入方式为多点接入； 公共电网配电箱或线路、配电室或箱式变电站低压母线 接入配电箱或线路时，单个并网点参考装机容量不大于100kW，单个并网点装机容量8kW 及以下时，可采用单相接入 接入配电室或箱式变电站低压母线时，单个并网点参考装机容量20kW～400kW	

注 1. 表中参考容量仅为建议值，具体工程设计中可根据电网实际情况进行适当调整；
   2. 图中采用负荷开关的地方也可以使用断路器。

（三）对保护配置的要求

《光伏发电站接入电力系统技术规定》（GB/T 19964—2012）、《光伏发电系统接入配电网技术规定》（GB 29319—2012）、《风电场接入电网技术规定》（Q/GDW 392—2009）等国标和企标中对分布式电源接入的保护配置都做了相应的规定，主要有以下五个方面：

（1）分布式电源送出线路系统侧配置分段式相间、接地故障保护，有特殊要求时，如采用专线接入公用电网的分布式电源，宜配置光纤电流差动保护。

（2）母线保护，分布式电源侧可不设母线保护，由后备保护切除故障，后备保护时限不能满足稳定要求，可相应配置保护装置。

（3）防孤岛保护，同步电机、异步电机类型分布式电源，无需专门设置孤岛保护，但分布式电源切除时间应与线路保护相配合，以避免非同期合闸。变流器类型的分布式电源必须具备快速监测孤岛且监测到孤岛后立即断开与电网连接的能力，其防孤岛保护应与电网侧线路保护相配合。

（4）逆功率保护，当分布式电源系统设计为不可逆并网方式时，应配置逆向功率保护设备，当检测到逆向电流超过限定输出的 5% 时，光伏发电系统应在 2s 内自动降低出力或停止向电网线路送电。

（5）安全自动装置。分布式电源 35kV/10kV 电压等级接入配电网时，应在并网点设置安全自动装置；若 35kV/10kV 线路保护具备失压跳闸及低压闭锁功能，可以按 U_N 实现解列，也可不配置具备该功能的自动装置。380V/220V 电压等级接入时，不独立配置安全自动装置。

第四节　钻石型城市配电网对分布式电源接入的优越性分析

钻石型城市配电网是以开关站为核心主次分层的配电网。其中，10kV 主干网以全部进出线均配置断路器的开关站为核心节点，采用双侧电源四回路就近供电，全部线路形成环网连接、开环运行并配置自愈功能的双环网结构，10kV 次干网以全部进出线均配置环网开关（负荷开关）的环网站为核心节点，以开关站为上级电源，形成单（双）侧电源供电的单环网或双侧电源供电的双环网结构，并配置了配电自动化系统。钻石型城市配电网的这种全断路器、全互联的分层结构对分布式电源的接入来说是非常友好且灵活的。

一、全断路器适应分布式电源的多点接入

钻石型城市配电网的 10kV 主干网开关站的全部进出线均配置断路器，因此

拥有"即插即用"的高适应性和故障准确定位与快速恢复能力。

（一）拥有分布式电源接入"即插即用"的高适应性

钻石型城市配电网中开关站进出线配置全断路器和全纵差保护，可避免分布式电源和微电网接入引起的对现有继电保护的调整以及对故障电流影响可能引起的保护拒动和误动问题。从接入工程实施的角度，可以支撑各类分布式电源在几乎不改变原有网架和保护配置的情况下直接接入，具备"即插即用"特征，因而在分布式电源和末端"微电网"接入方面具备较强的适应性。

（二）具备故障准确定位与快速恢复能力

在"双碳"目标发展背景下，分布式电源存在较多的接入点，电源故障的发生概率相应增大，若不有效控制故障后的停电范围，必将对配电网供电可靠性带来更大的影响。钻石型城市配电网中开关站进出线配置全断路器和全纵差保护，可避免分布式电源接入引起的对现有继电保护的调整，并且能够控制故障后的停电范围，避免影响范围扩大。

分别以主干网线路、开关站出线和配电室出线处发生故障时常规双环网和钻石型城市配电网的电气设备动作情况和停电范围进行对比，以此说明钻石型城市配电网全断路器配置对分布式电源广泛接入的适应性，如图 6-1 所示，可以发现，各种故障情况下，钻石型城市配电网的停电范围都不大于双环网。

另外，由于钻石型城市配电网全线还配置了自愈系统，10kV 开关站按母线段设置了自愈保护控制装置，每个间隔都具备遥测、遥信、遥控功能，可以就地完成信息采集并远方自动执行自愈策略，因此钻石型城市配电网的自愈系统可以利用光纤通道交换开关站间的开关量和故障信息，实现故障情况下秒级恢复功能，有效保障故障情况下负荷的转供能力。从故障停电时间来看，钻石型城市配电网开环运行，单一故障发生时可利用线路自愈切换，仅存在秒级停电现象。

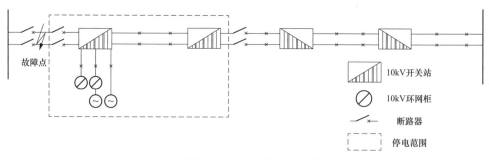

(a) 钻石型城市配电网主干网首段线路故障

图 6-1　钻石型城市配电网与常规双环网故障对比示意图（一）

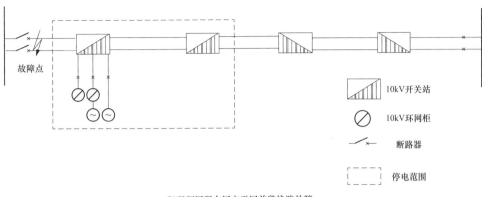

(b)双环网配电网主干网首段线路故障

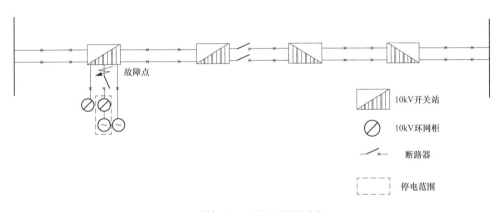

(c)钻石型城市配电网开关站出线线路故障

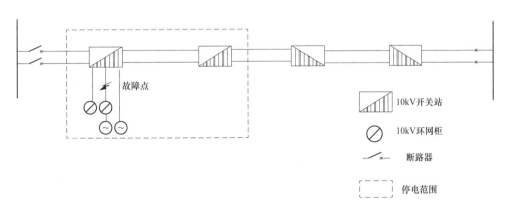

(d)双环网配电网开关站出线线路故障

图 6-1 钻石型城市配电网与常规双环网故障对比示意图（二）

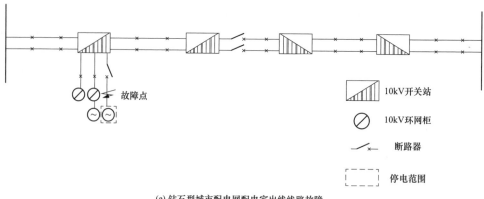

(e) 钻石型城市配电网配电室出线线路故障

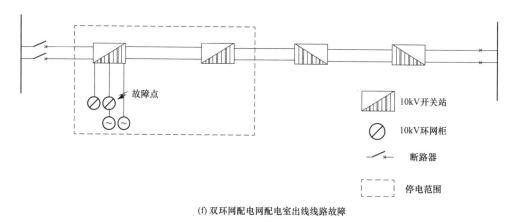

(f) 双环网配电网配电室出线线路故障

图 6-1　钻石型城市配电网与常规双环网故障对比示意图（三）

而对于以负荷开关作为操作和保护电器的常规双环式接线，因负荷开关不具有切断故障电流的能力，网络中任意一点故障，都无法有选择性地切除故障。故障切除只能通过上级变电站出线断路器或分布式电源出口处的断路器完成，因此存在分钟级停电现象。因此，分布式电源接入常规双环式接线并网运行后，即使发生在分布式电源联络线以外的故障（甚至是其他用户），也将迫使电源脱网，扰动结束后进行重新并网。如果分布式电源运行所需要的辅机系统在脱网后失去电源，那分布式电源将被迫停机。这一过程对于和生产工艺有关联的一些分布式电源尤其不利，例如余热发电等。

二、分层结构适应分布式电源的多尺度接入

钻石型城市配电网采用的分层结构决定了其主干网层级和次干网层级对分布式电源接入的适应性不同，因此各层级允许接入的分布式电源规模尺度上限存在一定的差异性。下面就从线路最大输送容量限制以及短路电流计算的角度计算接入钻石型城市配电网主干网开关站和次干网环网柜的理论允许接入容量。

（一）计算边界

基于前述分布式电源接入的技术要求，同时为了提高计算效率，分布式电源的接入点统一选为 10kV 开关站或环网柜，单点接入的电源容量按 400kW～6MW 考虑。

钻石型城市配电网中，10kV 主干环网线路双侧首段电缆可采用双拼 3×400mm² 电缆，中间段可采用 3×400mm² 或双拼 3×400mm² 电缆，根据第五章第四节，单座开关站的允许带载，线路单拼大约在 3MW～4MW，线路双拼大约在 4MW～6MW。

10kV 次干环网线路可采用 3×120mm² 或 3×240mm² 电缆，两回进线最高负载率平均值不高于 50%。根据《上海电网规划设计技术原则》《上海电网若干技术原则的规定》中的电缆载流量计算❶，主干网首段单回线路的最大传输容量约为 24MW，非首段约为 12MW，次干网进线线路允许的最大传输容量约为 8MW。

（二）按线路传输容量约束计算允许接入容量

按照钻石型城市配电网的正常运行方式简化后的网架结构如图 6-2 所示。

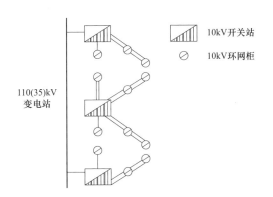

图 6-2　钻石型城市配电网简化运行方式后的网架结构

考虑开关站、环网柜不带载，电源接入后潮流全部上送的极端情形，分析网架理论允许的电源最大接入容量。

当电源存在多处接入时，首先计算接入环网柜上级为同一座开关站的电源容

❶　我国各地区因气候环境不同，依据电缆载流量计算出相应回路的最大传输容量会存在差异。

量之和，校核其是否超过该开关站进线允许的传输容量上限，取其与进线容量的较小值；再计算主干网上各开关站及其下游所供环网柜的接入电源容量之和，取其与首段线路的传输容量上限 24MW 之间的较小值为允许接入容量。

记接入主干网中第 i（i=1，2，3，…，N）座开关站的电源容量为 S_i，第 i 座开关站电源进线的传输容量上限为 L_i。记接入第 i 座开关站所供第 j（j=座环网柜的电源容量为 S_i^j 柜数量），第 j 座环网柜进线的传输容量上限为 L_j，则允许接入容量可按式（6-1）计算。

$$\min\left\{\sum_{i=1}^{N}\min\left[\sum_{j=1}^{M}\min(S_i^j,L_j)+S_i,L_i\right],24\right\} \tag{6-1}$$

式中：N 为开关站总数量；M 为第 i 座开关站所供同一回路中的环网柜总数量。

当电源全部接入主干环网中与变电站相连的首个开关站时，电源最大接入容量为首段线路的传输容量上限 24MW；当电源全部接入非首个开关站时，电源最大接入容量为非首段线路的传输容量上限 12MW；当电源全部接入次干网某处环网柜时，电源最大接入容量为次干网进线线路的传输容量上限 8MW。同一串回路中理论的最大电源接入容量为 24MW。

（三）按短路电流控制水平约束计算允许接入容量

分别计算接入点在主干网开关站和在次干网环网柜两种情况下的允许接入容量。

1. 接入点选在主干网开关站

按照钻石型城市配电网运行方式，将接入电源等效为在主干网上的不同开关站处接入，将电源接入容量记为 S，X_d''=0.125，额定电压为 10kV，线路长度采用上海市 10kV 线路平均供电半径（2.66km），（系统）变电站短路容量按 200MVA 考虑。场景 I 为同步机型分布式电源均在首段线路相连的开关站处接入，场景 II 考虑电源在非首段线路相连的开关站处接入。计算中取基准功率为 100MW，基准电压取平均额定电压。

（1）计算场景 I：考虑同步机型分布式电源（其他类型的分布式电源分析方法相同，仅在后文给出计算结论，不再赘述计算过程）均在首段线路相连的开关站处接入，如图 6-3 所示。

线路电抗：$X_L^* = 2.66 \times 0.15 \times \dfrac{100}{10.5^2} = 0.36$

电源次暂态电抗：$X_G^* = 0.125 \times \dfrac{100}{S} = \dfrac{12.5}{S}$

短路点 1 处：

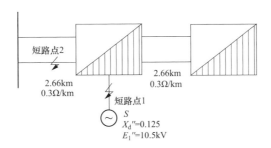

图 6-3　分布式电源接入主干网短路计算场景 I 示意图

电源提供的短路电流：$I_f^* = \dfrac{E_1''}{X_G^*} = \dfrac{S}{12.5}$

系统提供的短路电流：$I_{fx} = \dfrac{100}{\sqrt{3} \times 10} \times \left(\dfrac{1}{\dfrac{100}{200} + 0.36}\right) = 6.72\text{kA}$

转化为有名值：$I_f = I_f^* \dfrac{S_B}{\sqrt{3} U_B} = I_f^* \times \dfrac{100}{\sqrt{3} \times 10.5} = 5.5 I_f^*$

令 $I_f \leqslant 20\text{kA}$，得：$S \leqslant 30.18\text{MW}$。

短路点 2 处：

电源提供的短路电流：$I_f^* = \dfrac{E_1''}{X_G^* + X_L^*} = \dfrac{1}{\dfrac{12.5}{S} + 0.36}$

系统提供的短路电流：$I_{fx} = \dfrac{200}{\sqrt{3} \times 10} = 11.55\text{kA}$

令 $I_f \leqslant 20\text{kA}$，得：$S \leqslant 42.97\text{MW}$。

（2）计算场景Ⅱ：考虑电源在非首段线路相连的开关站处接入，如图 6-4 所示。

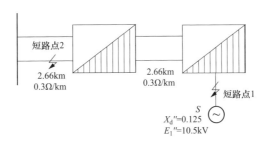

图 6-4　分布式电源接入主干网短路计算场景Ⅱ示意图

短路点 1 处：

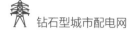

电源提供的短路电流：$I_f^* = \dfrac{E_1''}{X_G^*} = \dfrac{S}{12.5}$

系统提供的短路电流：$I_{fx} = \dfrac{100}{\sqrt{3} \times 10} \times \left(\dfrac{1}{\dfrac{100}{200} + 0.72 + 0.36} \right) = 3.65\text{kA}$

令 $I_f \leqslant 20\text{kA}$，得：$S \leqslant 37.15\text{MW}$。

短路点 2 处：

电源提供的短路电流：$I_f^* = \dfrac{E_1''}{X_G^* + X_L^*} = \dfrac{1}{\dfrac{12.5}{S} + 0.72 + 0.36}$

系统提供的短路电流：$I_{fx} = \dfrac{200}{\sqrt{3} \times 10} = 11.55\text{kA}$

令 $I_f \leqslant 20\text{kA}$，得：$S$ 无约束上限。

与短路点 1 处的总短路电流相比，短路点 2 处的总短路电流较小，因此按此边界计算出的接入容量上限也更大。

2. 接入点选在次干网环网柜

在上述计算基础上，考虑电源在次干网环网柜处接入。次干网线路平均长度按 1km 考虑。场景Ⅰ和场景Ⅱ分别将短路点选取在图 6-5 和图 6-6 中的短路点 1 和短路点 2 处进行，计算并比较两种场景下的理论接入容量上限。

（1）场景Ⅰ，如图 6-5 所示。

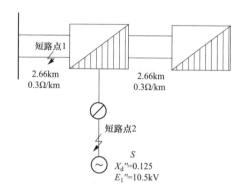

图 6-5　电源接入次干网短路计算场景示意图

短路点 1 处：

电源提供的短路电流：$I_f^* = \dfrac{E_1''}{X_G^* + X_L^*} = \dfrac{1}{\dfrac{12.5}{S} + 0.27 + 0.36}$

系统提供的短路电流：$I_{fx}=\dfrac{200}{\sqrt{3}\times10}=11.55\text{kA}$

令 $I_f\leqslant20\text{kA}$，得：$S\leqslant600\text{MW}$。

短路点 2 处：

电源提供的短路电流：$I_f^*=\dfrac{E_1''}{X_G^*}=\dfrac{S}{12.5}$

系统提供的短路电流：$I_{fx}=\dfrac{100}{\sqrt{3}\times10}\times\left(\dfrac{1}{\dfrac{100}{200}+0.27+0.36}\right)=5.11\text{kA}$

令 $I_f\leqslant20\text{kA}$，得：$S\leqslant33.84\text{MW}$。

（2）场景Ⅱ，如图 6-6 所示。

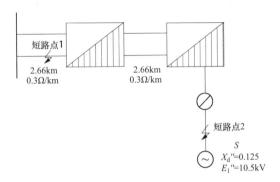

图 6-6　电源接入次干网短路计算场景示意图

短路点 1 处：

电源提供的短路电流：$I_f^*=\dfrac{E_1''}{X_G^*+X_L^*}=\dfrac{1}{\dfrac{12.5}{S}+0.27+0.36+0.72}$

系统提供的短路电流：$I_{fx}=\dfrac{200}{\sqrt{3}\times10}=11.55\text{kA}$

令 $I_f\leqslant20\text{kA}$，得：S 无约束上限。

短路点 2 处：

电源提供的短路电流：$I_f^*=\dfrac{E_1''}{X_G^*}=\dfrac{S}{12.5}$

系统提供的短路电流：$I_{fx}=\dfrac{100}{\sqrt{3}\times10}\times\left(\dfrac{1}{\dfrac{100}{200}+0.27+0.36+0.72}\right)=3.12\text{kA}$

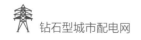

令 $I_f \leqslant 20\text{kA}$，得：$S \leqslant 38.36\text{MW}$。

由于单位容量变流器型分布式能源提供的短路电流水平十分有限（以光伏、储能为代表），经计算从短路水平控制角度基本对系统要求的短路电流限值无影响，因此可仅从线路传输容量约束角度考虑分布式电源的允许接入容量。

综上，将允许接入钻石型城市配电网中的电源容量计算结果汇总，如表 6-4 所示。

表 6-4   钻石型城市配电网接入容量上限   单位：MW

接入位置	按线路容量边界		按短路电流计算边界	
	首段	非首段	首段	非首段
主干网开关站	≤24	≤12	≤30.18	≤37.15
次干网环网柜	≤8	≤8	≤33.84	≤38.36

从计算结果可见，按线路容量边界，因首段线路采用双拼电缆，首段线路相连的开关站允许接入容量最大，正常运行方式下理论允许接入的电源总容量也受其限制。按短路电流计算边界，允许接入的电源容量计算结果大于按线路容量边界考虑的结果。综合上述结果来看，钻石型城市配电网允许接入的电源总容量不宜超过 24MW，次干网单个环网柜位置处允许接入的电源容量不宜超过 8MW。

三、全互联适应源荷的灵活平衡

钻石型城市配电网 10kV 主干网以开关站为核心节点，采用双侧电源四回路就近供电，全部线路形成环网连接、开环运行并配置自愈功能的双环网结构；10kV 次干网以环网站为核心节点，以开关站为上级电源，形成单（双）侧电源供电的单环网或双侧电源供电的双环网结构，形成了全互联的结构，因此具有灵活可靠的负荷转供能力和提供经济高效的储能配置场景。

（一）具备灵活可靠的负荷转供能力

钻石型城市配电网可根据检修计划灵活调整运行方式，能有效减少计划停电时间。钻石型城市配电网站间负荷转供通道多，负荷转供灵活，相较于单环网和单花瓣接线能够提高线路利用率。

钻石型城市配电网中 10kV 主干网为不同变电站双侧电源供电，变电站站间联络率达到 100%，站间负荷转供能力达到 100%，除满足本级电网检修方式下 N-1 和 N-1-1 时安全供电外，还可支撑上级变电站满足检修方式下 N-1 安全供电。图 6-7 即为钻石型城市配电网主干网首端 N-1-1 时的负荷转供过程。而开关站单环网接线不满足检修方式 *N-1* 安全校核，单花瓣接线也不满足部分检修方式 *N-1* 安全校核。

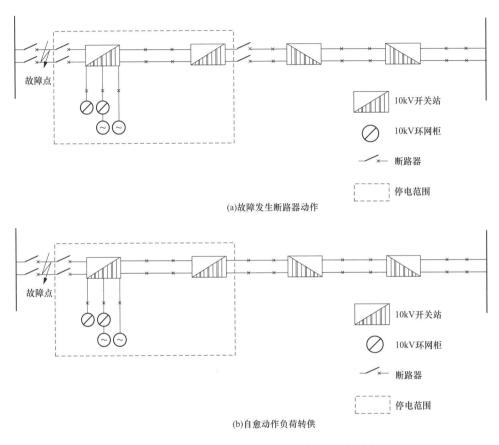

(a)故障发生断路器动作

(b)自愈动作负荷转供

图 6-7　钻石型城市配电网负荷转供过程示意图

从可再生能源消纳的角度，钻石型城市配电网的实时的网络重构能力，可以更好地支撑可再生能源消纳，可以在未配置储能的情况下，依然能一定程度中和可再生能源不确定性带来的消极影响。

（二）提供经济高效的储能配置场景

钻石型城市配电网均衡负荷的能力能够对区域开关站间的负荷分配起到优化作用，同时通过开关站汇集分布式电源的连接方式可为储能创造集中配置的条件，为提高储能的整体利用效率发挥积极作用，是具有创造性的中压配电网新型电力系统解决方案。

第五节 小 结

本章基于"双碳"目标和构建的新型电力系统背景，提出了分布式电源接入钻石型城市配电网的典型模式及相关原则要求，并对钻石型城市配电网在分布式电源接入方面的适应性进行了分析，主要结论如下：

（1）根据分布式电源单个并网点容量的差异性，分布式电源可根据电源规模需要选择开关站、配电室、箱式变电站或低压方式多点接入。

（2）钻石型城市配电网中开关站进出线配置全断路器和全纵差保护，可避免分布式电源和微电网接入引起的对现有继电保护的影响，可以支撑各类分布式电源在几乎不改变原有网架和保护配置的情况下直接接入，具备"即插即用"特征。

（3）钻石型城市配电网全互联结构能够灵活优化区域开关站间的负荷分配，同时为储能创造了集中配置的条件，为储能整体利用效率的提高发挥积极作用。

第七章　钻石型城市配电网的用户友好接入能力

第一节　概　　述

配电网作为电网的末端直接面对不同电力用户的接入需求，供电企业需保障电力用户合法的基本用电权益，履行电力的社会普遍服务义务，并不断丰富供电服务渠道及手段、提高供电服务水平。

作为供电服务的首端，供电企业应对申请用电的用户提供便利、高效、及时的接入方式。例如，中压电缆网作为城市中心区域居民住宅小区和工商业用户的主要接入网架，其网架结构、接线方式的选择在很大程度上影响了配电网向居民用户供电的可靠性与安全性。

随着电力运营环境的优化，对电网在用户接入服务方面提出了更高的要求。在供电电源上，配电网应就近提供供电能力充足的接入点；在接入方式上，应满足用户对供电可靠性和供电安全性的要求；在接入工程上，应做到施工方便，且减少用户接入的投资和时间。

钻石型城市配电网全断路器、全互联的分层结构，构建出了一个"以用户为中心""不停电"的坚强网架结构，可以为不同电压等级、不同容量的用户确定合理的接入方式，为用户提供双侧电源或多侧电源的供电条件，在用户接入时无需改变主干网架、不产生停电时间，因此在用户接入的便利性、适应性、建设难度和用户投入方面比其他接线方式更具优势，达到了城市配电网对用户友好接入的较高水准。

本章中将结合钻石型城市配电网的网架结构特性，介绍 10kV 用户接入的典

型模式及基本原则，分析钻石型城市配电网在用户接入方面的优势，并对用户接入的容量控制进行了分析。

第二节　10kV 用户接入配电网的相关规定

坚强智能的配电网应安全可靠、经济高效、公平便捷地服务电力用户，降低用户的用电成本、缩短接入时间、保障用户用电安全可靠，从而优化电力营商环境，助力城市发展。同时，用户接入也应符合相关的国家和行业标准，不对配电网的安全运行及电能质量造成影响。因此各省各地应根据不同类型供电区域的社会经济发展阶段、用户类型及其实际需求、配电网的承受能力，差异化地制定技术原则，更好地将用户接入与配电网网架结构相融合，合理满足区域发展及各类用户用电需求，做到多元主体灵活便捷接入。因此本节主要介绍国家和行业标准中关于重要用户、供电电源以及设备配置方面的规定。

一、用户分级及对供电电源的要求

根据国标《供配电系统设计规范》（GB 50052—2009）的要求，电力负荷应根据对供电可靠性的要求，及中断供电时对人身安全、经济损失所造成的影响程度进行分级。

重要电力用户是指在国家或者一个地区（城市）的社会、政治、经济生活中占有重要地位，中断供电将可能造成人身伤亡、较大环境污染、较大政治影响、较大经济损失、社会公共秩序严重混乱的用电单位或对供电可靠性有特殊要求的用电场所。国标《重要电力用户供电电源及自备应急电源配置技术规范》（GB/T 29328—2018）根据供电可靠性及中断供电对人身安全、政治、经济、环境保护、社会秩序造成的损失或者影响的程度，将重要电力用户分为特级、一级、二级重要电力用户和临时性重要用户。

特级重要电力用户，是指在管理国家事务中具有特别重要的作用，供电中断将可能危害国家安全的电力用户。

一级重要电力用户，是指供电中断将可能产生下列后果之一的电力用户：

（1）直接引发人身伤亡的；

（2）造成严重环境污染的；

（3）发生中毒、爆炸或火灾的；

（4）造成重大政治影响的；

（5）造成重大经济损失的；

（6）造成较大范围社会公共秩序严重混乱的。

二级重要电力用户，是指供电中断将可能产生下列后果之一的电力用户：

（1）造成较大环境污染的；

（2）造成较大政治影响的；

（3）造成较大经济损失的；

（4）造成一定范围社会公共秩序严重混乱的。

临时性重要电力用户，是指需要临时特殊供电保障的电力用户。

对重要电力用户的供电电源配置技术要求应符合国标《重要电力用户供电电源及自备应急电源配置技术规范》（GB/T 29328—2018），重要电力用户的供电电源应采用多电源、双电源或双回路供电，当任何一路或一路以上电源发生故障时，至少仍有一路电源能对保安负荷供电。对于电缆化的城市配电网，上述电源配置要求可归纳如下：

（1）特级重要电力用户应采用三电源供电，其中至少两路电源应为专线，并分别来自两座不同的变电站；当任何两路电源发生故障时，第三路电源能保证独立正常供电。

（2）一级重要电力用户应采用双电源供电，其中至少一路电源应为专线，两路电源应分别来自两座不同的变电站或不同电源进线的同一变电站内的两段母线，当一路电源发生故障时，另一路电源能保证独立正常供电。

（3）二级重要电力用户应至少采用双回路供电，供电电源可以来自同一个变电站、开关站、配电室、环网室（箱）的不同母线段或不同的变电站、开关站、配电室、环网室（箱）。

（4）临时性重要电力用户按照用电负荷的重要性，在条件允许情况下，可通过临时敷设线路或移动发电设备等方式满足双回路或两路以上电源供电条件。

不属于重要用户的负荷可以视为普通电力用户，依据电力行业标准《电力用户业扩报装技术规范》（DL/T 1917—2018）及国家电网有限公司企业标准《配电网规划设计技术导则》（Q/GDW 1738—2020）相关规定，对普通电力用户供电电源配置及电网接入有以下要求：

（1）普通电力用户可采用单侧电源供电；

（2）由两回及以上供配电线路供电的用户，宜采用同等级电压供电，但根据各负荷等级的不同需要及地区供电条件，也可采用不同电压等级供电；

（3）为同一用户负荷供电的两回供电线路可以来自同一变电站的同一母线段。

二、接入用户容量与设备配置的关系

依据电力行业标准《电力用户业扩报装技术规范》（DL/T 1917—2018），10kV 用户容量一般在 50～10000kVA，在 10～20kV 用户接入时，采用电缆线路进户，应在分界点加装故障隔离装置，以便在用户供电范围内出现故障时，隔离故障影响范围。

进户分界点故障隔离设备的配置与用户接入容量有密切的关系，在配电网中常用的隔离设备有熔断器、环网开关、断路器。

为提高配电网可靠性，有效隔离故障，配电室、环网室（箱）终端出线间隔一般会采用负荷开关作为机械隔离设备，并以熔丝保护（即熔断器）熔断隔离故障电流，因此须考虑熔断器熔断曲线与上级变电站出线开关电流保护的整定配合情况，则采用熔丝保护的配电室、环网室（箱）终端出线所供变压器容量不宜过大。依据国家电网有限公司企业标准《配电网规划设计技术导则》（Q/GDW 1738—2020）对配电室 10kV 侧采用环网开关时变压器单台容量不宜超过 800kVA 的规定，对配电室、环网室（箱）终端出线所供用户装接容量应控制在 800kVA 及以下。而对于所供单回装接容量大于 800kVA 的用户，则须通过断路器接入电网，以继电保护跳闸开关切断故障电流。

第三节 10kV 用户接入钻石型城市配电网的模式分析

钻石型城市配电网的全断路器、全互联的分层结构所构建的"以用户为中心""不停电"坚强网架结构，可以为不同电压等级、不同容量的用户确定合理的接入方式，本节以上海城区的 10kV 用户为例，分析普通用户和重要用户在钻石型城市配电网中的接入模式及相关要求。

一、10kV 普通电力用户接入模式

（一）装接容量 800kVA 及以下的 10kV 用户

用户单路用电容量不超过 800kVA 的 10kV 用户可由配电室、环网室（箱）接入供电，如图 7-1 所示，其中（a）图中的用户电源来自同一配电室、环网室（箱），（b）图中用户电源来自不同配电室、环网室（箱）。

鉴于上海 110kV、35kV 变电站的进线均来自上一级不同电源，上海双回路普通电力用户的电源水平可达到双电源供电标准，即供电电源来自配电室、环网室（箱）的不同 10kV 母线或不同的配电室、环网室（箱），并可追溯至不同变电站或不同电源进线的同一变电站的两段母线。

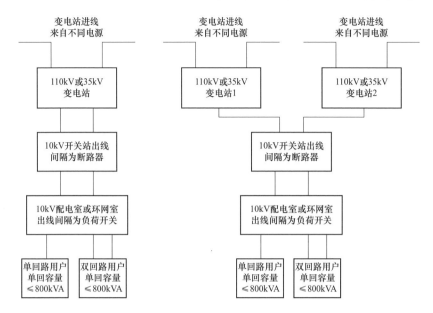

(a)用户电源来自同一配电室、环网室(箱)

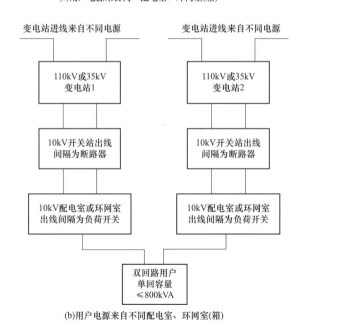

(b)用户电源来自不同配电室、环网室(箱)

图 7-1　装接容量 800kVA 及以下的 10kV 用户接入模式示意图

（二）装接容量大于 800kVA 且小于 6000kVA 的 10kV 用户

用户单路用电容量大于 800kVA 且小于 6000kVA 的 10kV 用户，应由开关

107

站接入供电；如图 7-2（a）（b）所示，其中双回路普通电力用户供电电源可以是来自同一开关站的不同母线或不同的开关站，并可追溯至不同变电站或不同电源进线的同一变电站的两段母线。

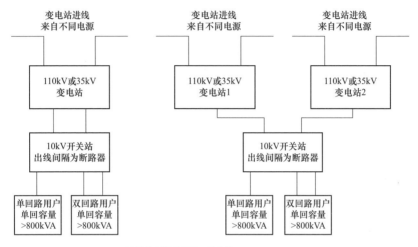

(a)用户电源来自同一开关站

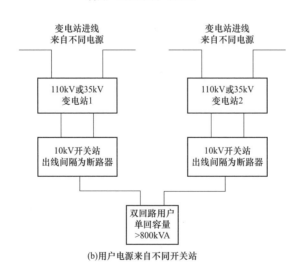

(b)用户电源来自不同开关站

图 7-2　装接容量大于 800kVA 的 10kV 用户开关站接入模式示意图

（三）装接容量大于 6000kVA 的 10kV 用户

单回线路所供容量在 6000kVA 及以上且在周边开关站无法接入的 10kV 普通电力用户，可由变电站供电，如图 7-3（a）所示。单回线路所供容量达到 6000kVA 及以上时，若开关站进线承载能力允许，也可采用开关站供电模式。

双回进线的普通电力用户，进线电源可来自同一 110（35）kV 变电站不同 10kV 母线或一回由 110（35）kV 变电站供电、另一回由 10kV 开关站供电，如图 7-3（b）所示。

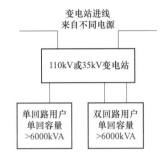

(a)用户电源来自同一110(35)kV变电站不同10kV母线

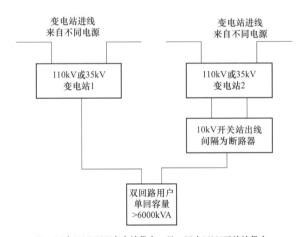

(b)一回由110(35)kV变电站供电、另一回由10kV开关站供电

图 7-3　装接容量大于 6000kVA 的 10kV 用户变电站接入模式示意图

二、10kV 重要用户接入模式

（一）特级及一级重要用户

特级及一级重要用户接入供电的相关要求如下：

（1）特级及一级重要用户电源必须来自不同的变电站或不同开关站，在用户单回电源线路所供装接容量低于 6000kVA 时，优先选择开关站接入供电。

（2）当电源来自开关站时，开关站对应的上级电源应追溯至不同的上一级变电站。同时重要用户电源进线应来自不同的线路通道（进站端除外，但电缆敷设

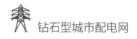

时应保持一定间隔)。

(3) 特级及一级重要用户的进线电缆应采用排管敷设。

为避免其他用户电源线路故障造成特级及一级重要电力用户陪停，不宜采用配电室、环网室(箱)供电，因此 10kV 特级及一级重要电力用户采用变电站接入或开关站接入的模式如图 7-4 和图 7-5 所示。

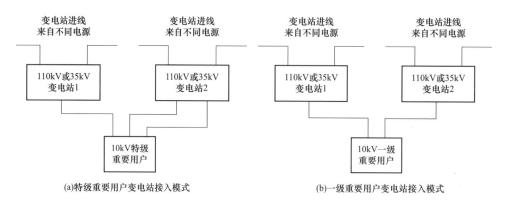

图 7-4　10kV 特级及一级重要用户变电站接入模式示意图

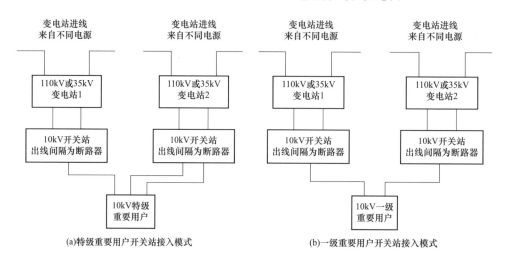

图 7-5　10kV 特级及一级重要用户开关站接入模式

(二) 二级重要电力用户接入模式

二级重要电力用户至少采用双回路供电，由于钻石型城市配电网普通电力用户双回路接入已达到双电源供电标准，因此二级重要电力用户接入模式与双回路普通电力用户一致，具体可参照双回路普通电力用户的接入模式。

第四节 钻石型城市配电网在用户接入方面的优势

根据本章第三节的分析可知，10kV 普通电力用户可按不同的用户容量接入主干网开关站出线间隔或次级网环网站出线间隔，而针对重要电力用户，特别是特级或一级重要用户，钻石型城市配电网可提供双侧电源或多侧电源的供电条件。因此，在用户接入方面，钻石型城市配电网构建了一个"以用户为中心""不停电"的网架结构。下面选取传统双环网的用户接入模式和钻石型城市配电网进行比较，分析钻石型城市配电网在用户接入方面的优势。如图 7-6 所示，（a）图为传统双环网的用户接入模式，（b）图为钻石型城市配电网的用户接入模式。

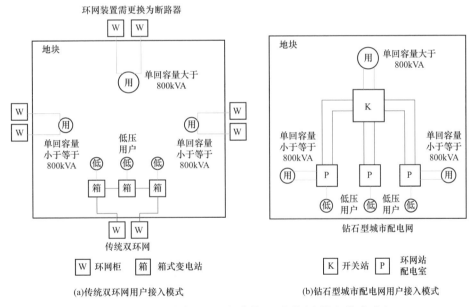

图 7-6 钻石型城市配电网与传统双环网用户接入模式对比

对比图 7-6（a）和（b）可以发现，对于以环网室（箱）为节点的双环网，10kV 用户电源来自环网室（箱），如周边无现有环网室（箱），需新建环网室（箱）再串入主环网。而钻石型城市配电网与传统以环网室（箱）为节点的双环网相比，具有适应性强、不影响供电可靠性、用户接入费用少以及对站址、通道资源要求比较低的特点，具体分析如下：

（1）适应性强。钻石型城市配电网在地块内提供了不同容量 10kV 用户和低压用户的接入电源，可适应地块内用户情况的差异化，形成了以 10kV 开关站、

配电室和环网室（箱）为核心的中低压用户接入的平台。

（2）提升供电可靠性。传统双环网中用户接入时需就近新增环网（室）柜，并接入主环网线；当用户单回容量增容至800kVA以上或大于800kVA的用户接入已建环网柜时，环网柜出线侧需改造为断路器，接入工程在主干环网上均会产生线路停电，影响供电可靠性。钻石型城市配电网中用户接入均不影响主干环网线路的运行，不会产生停电时间。此外，双回路用户的电源达到了双电源的标准，在相同的建设费用下，提升了用户的电源安全等级。

（3）用户接入费用低。传统双环网中10kV用户接入线路需延伸至地块边界，并产生主干环网接入新建环网柜的费用。钻石型城市配电网中用户接入线路在地块内就近接入，相对接入线路较短，用户投资费用较低。

（4）对站址、通道资源要求较低。钻石型城市配电网中用户接入电源站址相对集约化（单站址可提供电源间隔多，可同时提供中压与低压电源间隔），可避免市政道路上设置大量环网室（箱）或箱式变电站，提升了城市市容环境。在通道上，传统双环网需多个地块内延伸市政道路的电缆通道，钻石型城市配电网用户接入线路通道可在地块内敷设，相对通道长度短。

可见，钻石型城市配电网在用户接入的便利性、适应性、建设难度和用户投入均优于传统双环网，有利于营商环境的提升，同时在用户接入时无需改变主干网架、不产生停电时间，避免了用户接入对电网网架结构和供电可靠性的影响。

第五节　小　　　结

本章结合钻石型城市配电网网架结构的特性，提出了10kV普通电力用户及重要电力用户接入钻石型城市配电网的典型模式及相关原则要求，并对钻石型城市配电网在用户接入方面的优势进行了分析，主要结论如下：

（1）在钻石型城市配电网的网架结构情况下，10kV普通电力用户可按不同的用户容量接入主干网开关站出线间隔或次级网环网站出线间隔。

（2）针对重要用户，特别是特级或一级重要用户，钻石型城市配电网可提供双侧电源或多侧电源的供电条件，满足重要电力用户对供电电源的要求。

（3）钻石型城市配电网构建了一个"以用户为中心""不停电"的网架结构。钻石型城市配电网在用户接入的便利性、适应性、建设难度和用户投入均优于传统双环网，有利于营商环境的提升，同时在用户接入时无需改变主干网架、不产生停电时间，避免了用户接入对电网网架结构和供电可靠性的影响。

第八章　钻石型城市配电网的供电可靠性

第一节　概　　述

供电可靠性是供电系统对用户持续供电能力的体现。它是电力可靠性管理的一项重要内容，直接反映了供电系统的供电能力和服务质量，综合体现了一个供电企业的技术装备水平和管理水平。随着国民经济的迅速发展，人们对供电可靠性的要求越来越高。因此，提高供电可靠性既是用户的期望，同时也是供电企业所追求的目标。

供电可靠性的发展历程大体分为 3 个阶段：低可靠性水平阶段、迅速发展阶段、高可靠性水平阶段。低可靠性水平阶段是供电可靠性发展的初级阶段，此阶段供电可靠率一般在 99％以下，用户平均停电时间一般在 87.6h 以上，并且每年的供电可靠率指标波动很大；迅速发展阶段供电可靠率一般在 99％以上，停电时间一般在 87.6h 以下，供电可靠率指标的波动范围要比第 1 阶段小；高可靠性水平阶段的供电可靠率指标一般在 99.99％以上，对应的用户平均停电时间一般在 0.876h（约 53min）以下，每年的供电可靠率指标较稳定。

中国在 1992 年以前处于可靠性发展阶段中的第 1 阶段，1992 年以后即进入了第 2 阶段。2020 年，全国 50 个主要城市❶用户平均停电时间为 4.79 小时/户，其中，城市地区用户平均停电时间为 2.09 小时/户，正在向第 3 阶段靠近。

国内外关于中压配电网可靠性的相关研究已经很多，但密切结合工程实践，

---

❶ 50 个主要城市（即 4 个直辖市、27 个省会城市、5 个计划单列市及其他 14 个 GDP 排名靠前的城市）用户数占全国总用户数的 32.08％，用户总容量占全国用户总容量的 47.37％。

将供电可靠性提升到一个高度并作为规划建设目标的研究还较少。上海作为
2020 年用户平均停电时间最短的五个城市之一，已经达到了高可靠性水平阶段。
因此本章将基于可靠性的相关理论基础，结合上海钻石型城市配电网在精准缩小
故障范围及快速自愈能力方面的表现，说明钻石型城市配电网在运行实践中是如
何有效提升城市配电网的供电可靠性的。

第二节　供电可靠性统计及评估方法

供电可靠性计算分析的目的是确定现状和规划期内配电网的供电可靠性指
标，分析影响供电可靠性的薄弱环节，提出改善供电可靠性的方案。供电可靠性
指标可按给定的电网结构、典型运行方式以及供电可靠性相关计算参数等进行计
算分析。

一、供电可靠性评估指标

供电可靠性指标分为 3 大类：①持续停电指标，如表 8-1 中序号 1～7；②基
于负荷量的指标，如表 8-1 中序号 8～9；③瞬时停电指标，如表 8-1 中序号 10～
12。国际标准 IEEE Standard 1366—2003 中的供电可靠性指标体系是目前国际范
围内最全面、权威的。中国及大部分国家目前所采用的可靠性指标或包含在这一
指标体系之中，或由这些指标派生而来。

表 8-1　　　　　　　　　　　供电可靠性指标

序号	指标名称	指标缩写	指标定义	单位
1	系统平均 停电频率	SAIFI	$\dfrac{\sum 每次停电用户数}{总用户数}$	次/（户·a）
2	系统平均 停电持续时间	SAIDI	$\dfrac{\sum 用户停电时间}{总用户数}$	min/（户·a）
3	用户平均 停电持续时间	CAIDI	$\dfrac{\sum 用户停电时间}{停电用户总数}$	min/次
4	用户总平均 停电持续时间	CTAIDI	$\dfrac{\sum 用户停电时间}{停电用户总数}$	min/（户·a）
5	用户平均 停电频率	CAIFI	$\dfrac{\sum 停电影响用户数}{停电用户总数}$	次/（户·a）
6	平均 供电可用率	ASAI	$\dfrac{用户供电可用小时数}{用户供电需求小时数}$	%
7	用户多次 停电指标	$CEMI_n$	$\dfrac{超过 n 次持续停电的用户数}{用户总数}$	%

续表

序号	指标名称	指标缩写	指标定义	单位
8	平均系统 停电频率	ASIFI	$\dfrac{\sum 停电损失负荷}{供电负荷总量}$	次
9	平均系统 停电持续时间	ASIDI	$\dfrac{\sum 停电损失负荷}{供电负荷总量}$	min
10	平均瞬时 停电频率	MAIFI	$\dfrac{\sum 瞬时停电影响的用户数}{供电用户总数}$	次/（户·a）
11	平均瞬时停电 事件发生频率	MAIFI_E	$\dfrac{\sum 瞬时停电事件影响的用户数}{供电用户总数}$	次/（户·a）
12	多次持续停电或瞬时 停电用户的比率	CEMSMI_n	$\dfrac{\sum n 次以上停电的用户数}{供电用户总数}$	%

除此之外，英国配电网提出了用户停电时间和次数相关指标，日本配电网针对环网提出了负荷转移能力指标，反映了配电网间的联络程度，加拿大配电网提出了负荷停电损失及电量指标，反映了停电对用户造成的损失。

中国国家能源局 2016 年发布了《供电系统供电可靠性评价规程》（DL/T 836—2016），该标准规定了供电可靠性的统计办法和评价指标，适用于电力供应企业对用户供电可靠性的评价。该标准共包含 36 项供电可靠性评价指标，分为主要指标和参考指标两大类，其中主要指标反映了故障停电对可靠性的影响，参考指标反映了预安排停电对可靠性指标的影响。6 项主要指标的公式见式（8-1）～式（8-15），其中统计期间时间是指处于统计时段内的小时数。

（1）系统平均停电时间（SAIDI-1）：指供电系统用户在统计期间内的平均停电小时数，记作 SAIDI-1（h/户），计算公式如式（8-1）：

$$\text{SAIDI-1} = \frac{\sum 每次停电时间 \times 每次停电用户数}{总用户数} \tag{8-1}$$

若不计外部影响时，则记作 SAIDI-2（h/户）。

$$\text{SAIDI-2} = \text{SAIDI-1} - \frac{\sum 每次外部影响停电时间 \times 每次受其影响停电户数}{总用户数} \tag{8-2}$$

若不计系统电源不足限电时，则记作 SAIDI-3（h/户）。

$$\text{SAIDI-3} = \text{SAIDI-1} - \frac{\sum 每次系统电源不足限电停电时间 \times 每次系统电源不足限电停电户数}{总用户数} \tag{8-3}$$

若不计短时停电时，则记作 SAIDI-4（h/户）。

$$\text{SAIDI-4} = \text{SAIDI-1} - \frac{\sum 每次短时停电时间 \times 每次系短时停电户数}{总用户数}$$

(8-4)

（2）平均供电可靠率（ASAI-1）：该指标是指在统计期间内，对用户有效供电时间小时数与统计期间小时数的比值，记作 ASAI-1（%）。可按式（8-5）计算：

$$\text{ASAI-1} = \left(1 - \frac{系统平均停电时间}{统计期间时间}\right) \times 100\%$$

(8-5)

若不计外部影响时，则记作 ASAI-2（%）。

$$\text{ASAI-2} = \left(1 - \frac{系统平均停电时间 - 系统平均受外部影响停电时间}{统计期间时间}\right) \times 100\%$$

(8-6)

若不计系统电源不足限电时，则记作 ASAI-3（%）。

$$\text{ASAI-3} = \left(1 - \frac{系统平均停电时间 - 系统平均电源不足限电停电时间}{统计期间时间}\right) \times 100\%$$

(8-7)

若不计短时停电时，则记作 ASAI-4（%）。

$$\text{ASAI-4} = \left(1 - \frac{系统平均停电时间 - 系统平均短时间停电时间}{统计期间时间}\right) \times 100\%$$

(8-8)

（3）系统平均停电频率：供电系统用户在统计期间内的平均停电次数，记作 SAIFI-1（次/户）。

$$\text{SAIFI-1} = \frac{\sum 每次停电户数}{总用户数}$$

(8-9)

若不计外部影响时，则记作 SAIFI-2（h/户）。

$$\text{SAIFI-2} = \frac{\sum 每次停电户数 - \sum 每次受外部影响停电户数}{总用户数}$$

(8-10)

若不计系统电源不足限电时，则记作 SAIFI-3（h/户）。

$$\text{SAIFI-3} = \frac{\sum 每次停电户数 - \sum 每次系统电源不足限电停电户数}{总用户数}$$

(8-11)

若不计短时停电时，则记作 SAIFI-4（h/户）。

$$\text{SAIFI-4} = \frac{\sum 每次停电户数 - \sum 每次短时停电户数}{总用户数}$$

(8-12)

（4）系统平均短时停电频率：供电系统用户在统计期间内的平均短时停电次数，记作 MAIFI（次/户）。

$$MAIFI = \frac{\sum 每次短时停电户数}{总用户数} \tag{8-13}$$

（5）平均系统等效停电时间：在统计期间内，因系统对用户停电的影响等效为全系统（全部用户）停电的等效小时数，记作 ASIDI（h）。

$$ASIDI = \frac{\sum 每次停电容量 \times 每次停电时间}{系统供电总容量} \tag{8-14}$$

（6）平均系统等效停电频率：在统计期间内，因系统对用户停电的影响等效为全系统（全部用户）停电的等效次数，记作 ASIFI（次）。

$$ASIFI = \frac{\sum 每次停电容量}{系统供电总容量} \tag{8-15}$$

二、供电可靠性的统计方法

国外对配电系统可靠性的研究起步较早，早期的主要研究方法是统计分析。相关机构通过对原始数据的收集、整理、分析，得出结论，用于指导电网的规划、管理等方面的工作。从而使城市配电系统的安全性能和经济效益得到显著的改善。

（一）供电可靠性统计数据来源

国外如新加坡电网的停电数据统计对象涉及 230kV、66kV 超高压用户、22kV/6.6kV 以及 400V/230V 用户，从这个意义上来说，该指标是统计到各电压等级所有用户的真正意义上的用户供电可靠性，因此新加坡地区不再统计各类输变电设备可用率指标；东京电力的停电数据由 45 家分公司统计而来，对 2900 万低压用户进行统计，停电时间的统计一般是自动计算，然后人工汇总进行汇报。

国内电网的用户供电可靠性数据按营业范围由所在营业区的供电企业负责，主要通过电能质量在线监测系统（以下简称"电能系统"）收集、审核与展示，末端主要通过电能表自动采集，当出现电能表不能自动采集时则采用人工补录。

用户供电可靠性基础数据由相关系统推送至电能系统，公用用户台账由生产管理系统（plant management system，PMS）系统推送至省侧数据中心，专用变压器用户台账由营销系统推送至省侧数据中心，每天通过省公司主站集成模块在 18 点至 20 点之间采集转换，经由数据交换平台（data exchange platform，DXP）通道推送至总部电能系统，生成待确认基础数据。台账的新增、注销、确认、忽略等需要相关技术人员在线点击。

（二）供电可靠性统计口径

国外如新加坡电网供电可靠性统计口径不包含预安排停电时间；东京电网供电可靠性统计口径包含计划停电和故障停电，其停电时间包含外界破坏、自然灾害等各种停电的影响（停电时间小于 1min 的瞬时停电不含在内），统计区域范围为所管辖全部区域。

国内电网供电可靠性统计口径包含预安排停电和故障停电（停电时间小于 3min 的短时停电不含在内），详见图 8-1。

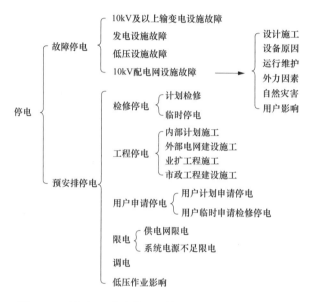

图 8-1 国内电网影响供电可靠性的停电类型统计口径

（三）供电可靠性统计方式

目前，全球常用的可靠性统计方式包括基于用户的方式、基于配电变压器的方式和基于功率或电量的方式。三者各有利弊，各国处于不同的考虑分别采用不同方式。

基于用户是最常用的方式，以独立账号（用户信息系统 CIS❶ 中的一个客户）或电表（自动读表系统 AMR❷ 中一个表）为基础统计单位，不对各种不同用户分类，也不区分电压等级，这种方式简单易行，数据精确，但忽视了大用户

---

❶ 用户信息系统（customer information system，CIS）。
❷ 自动读表系统（automatic meter reading，AMR）。

的高成本。英国、意大利、澳大利亚、美国、新加坡等国家和香港地区也采用此种方式。

新加坡电网整合了GIS❶系统和CIS系统的各项功能，网络割接、故障停电等涉及用户停电的各项操作均由GIS系统显示中断供电的建筑门牌号，通过用户信息系统追溯每幢建筑的用户数，从而保证了用户基础数据的完整、正确，确保了可靠性指标统计方法的科学性。

由于中国目前还不具备统计低压系统用户停电数据的条件，所以可靠性管理只到10kV配电系统，统计的终端用户是10kV中压公用配电变压器。因此，国内电网数据统计方式总体上采取基于中压配电变压器的方式，具体操作如下：当配电变压器所连接的用户中存在不停电的用户，则不纳入停电事件；当配电变压器所连接的用户全部停电，则将该配电变压器作为一个用户纳入停电事件。基于中压配电变压器的统计方式更适用于计量设备、自动化装置和通信装置不完善，对用户分布和用电信息不十分确切的国家和地区。挪威、波兰也采用这种统计方式。

三、供电可靠性的评估方法

（一）供电可靠性的评估方法简介

目前电力系统的可靠性评估方法主要有解析法、模拟法和人工智能算法。

（1）解析法。解析法将元件或系统的寿命过程加以合理的理想化，通过网络的结构和元件的功能及两者之间的逻辑关系来建立数学模型，再利用递推和迭代过程对该模型进行精确求解，才能得出所要求的可靠性指标。解析法由于采用了严格的数学模型和算法，其物理概念清晰，模型精度高，得到的结果也很理想。缺点是网络规模达到一定程度后，计算变得十分复杂，且不宜处理相关事件。

目前，网络解析法有很多种，常见的有故障模式后果分析法（failure mode and effect analysis method，FMEA）、最小路法（minimal path method，MP）、网络等值法、故障遍历法、裕度法等。其中FMEA是最常用的方法，也是其他方法的基础。FMEA法通过搜索网络中各元件的状态，列出全部可能的系统状态，然后根据所规定的可靠性判据对系统所有的状态进行检验分析，找出系统的故障模式集合，再求解可靠性指标。但是FMEA法适用于简单的配电网络，不适合带有复杂分支馈线的网络，因为复杂网络故障模式众多，计算量会急剧上升。

---

❶　地理信息系统（geographic information system，GIS）。

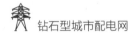
（2）模拟法。模拟法（即蒙特卡洛模拟法）是通过统计的方法以随机数表示系统中各元件状态的概率分布，在计算机上模拟出系统的实际运行状况并估计可靠性指标。采用蒙特卡洛模拟法对系统可靠性进行评估时，最基本的一步是根据元件故障的概率分布函数对系统中的每个元件的状态和负荷水平进行随机抽样。

采用蒙特卡洛模拟法来评估系统可靠性的优势在于：①该方法是通过随机抽样来统计计算结果，基本思想简单，易于工作和研究人员理解和使用；②在满足所需精度前提下，其抽样次数和系统规模无关，所以蒙特卡洛模拟法常适用于大型电力系统可靠性的评估计算；③通过蒙特卡洛模拟法对可靠性进行评估，可求取概率性指标以及频率指标和持续时间指标，令可靠性信息更加实用、全面，可以为工程技术人员提供更多的信息，为他们的决策提供更准确的依据；④该方法的数学模型相对简单，并且容易模拟风速、光照强度、负荷变化等随机因素和系统的各种控制策略，所得计算结果更加符合工程实际。

根据是否考虑系统的状态时序性，把蒙特卡洛模拟法分为非序贯蒙特卡洛模拟法（non-sequential simulation，也称状态抽样）和序贯蒙特卡洛模拟法（sequential simulation，也称状态持续时间抽样）两种。其中序贯蒙特卡洛模拟法精度较高，能够考虑状态持续时间分布情况，且能够计算出可靠性频率指标，但需要占用大量 CPU 存储空间与计算时间。

（3）人工智能算法。人工智能算法在对配电网的可靠性进行评估时，不需要了解配电网的网络结构。然而该方法是以大量的统计数据作为计算的支撑，所以对存储的数据要求很高。本书对此方法暂不做详细的介绍。

（二）电网元器件可靠性模型的建立

配电网是由多种基本元件组合而成的，因此其可靠性受到各种基本元件的可靠性的影响。配电网基本元件包括线路、断路器、熔断器、分段开关、联络开关、配电变压器等。因此在研究配电网可靠性时需要的最基本数据是各种元件的参数。元件的可靠性是研究系统可靠性的基础，对系统可靠性指标可信度有重要影响。

配电网中的一个基本元件的状态一般分为正常运行、故障停电和计划检修。而故障停电和计划检修停电可以合并为故障状态。在可靠性评估中，配电网的元件可以分为可修复元件（repairable component）和不可修复元件（non-repairable component）两类。电力系统的大部分元件都是属于可修复元件。配电网中的断路器、母线、架空线路、电缆线路、分段开关、联络开关等都是属于可修复元件。元件的可靠性参数较多，下面仅介绍故障率、修复时间、修复率、可修复强迫停运概率和平均失效频率几个较常用的参数。

（1）故障率。故障率是元件在单位暴露时间内因故障不能执行规定的连续功能的次数，即：

$$故障率 = \frac{故障次数}{暴露时间} \tag{8-16}$$

故障率常用 λ 表示，可按单一元件或某类元件、单位线路长度、同杆架设线路，或同一走廊线路等分类对其进行计算。

（2）修复时间和修复率。修复时间是对元件实施修复所用的实际矫正性维修时间，包括故障定位时间、故障矫正时间和核查时间，即为元件故障导致停电到故障元件通过修复或更换设备而恢复供电经历的时间。修复时间的倒数即为修复率，常用 μ 表示。

（3）可修复强迫停运概率和平均失效频率。

如图 8-2 所示，可修复强迫停运模型用来描述元件在正常状态和可修复停运状态之间的转移关系，例如变压器、线路等元件的短路故障就是可修复强迫停运。在评估时间远大于平均修复时间时（即评估系统的长期可靠性），可不考虑元件绝缘老化的影响，变压器、线路等元件发生可修复强迫停运概率（或称为不可用率）是非时变的，其大小可用式（8-17）表示：

$$p = \frac{M_{ttr}}{M_{ttf} + M_{ttr}} = \frac{\xi \times M_{ttr}}{8760} = \frac{\lambda}{\lambda + \mu} \tag{8-17}$$

图 8-2　可修复元件状态空间图

式中：p 为元件可修复强迫停运概率；M_{ttr} 为平均修复时间，单位为 h；M_{ttf} 为平均失效时间，单位为 h；ξ 为平均失效频率，单位为次数/年；λ 为故障率，单位为次数/年；μ 为修复率，单位为次数/年。

此处，平均失效频率是指元件平均每年发生失效的次数，而故障率的含义为元件从正常状态向失效状态转移的速率，修复率表示元件从失效状态向正常状态转移的速率，它们之间可以相互转化，具体联系如下：

$$\xi = \frac{8760}{M_{ttf} + M_{ttr}} \tag{8-18}$$

$$\lambda = \frac{8760}{M_{ttf}} \tag{8-19}$$

$$\mu = \frac{8760}{M_{ttr}} \qquad (8\text{-}20)$$

元件的独立停运模型是由 λ、μ 及 ξ 三个参数确定的。对于元件的实时停运模型，应考虑元件状态、元件所处环境和系统状态等因素的影响，可根据线路历史停运原因和规律，将停运率分为基础停运率和其他受天气影响明显的停运率，以短期天气预报值作为输入量，得到线路基于天气变化的停运率等。

一般来说，λ、μ、ξ 等参数采用当地数据，若当地无这方面的统计数据，则可以考虑采用美国电子工程学会公布的发输电可靠性评估测试系统 IEEE—RTS79，建立发电机和线路的强迫停运模型。IEEE—RTS79 提供了标准的接线图、电源单机容量和可靠性数据、输电线路电气参数和容量限制、系统的年小时负荷曲线等数据，以及发电机和线路的停运数据。

（三）串并联系统模型

配电网具有元件众多、结构繁杂的特点，不同数量的元件按一定的顺序连接起来可以实现不同的功能。因此元件的数量、现场布置和电气连接方式均会影响系统的运行及供电可靠性，受这些因素影响的元件停运模式和元件的串并联关系是可靠性建模必须要考虑的关键因素。

元件停运通常可分为独立停运和相关停运两类。独立停运按不同停运性质可分为强迫、半强迫和计划停运等；按失效状态可分为完全失效和部分失效。对于强迫停运一般分为可修复失效和不可修复失效。相关停运包括共因停运、元件组停运等模式。如同塔双回架空线路由于雷击同时失效、变电站母线失效可能导致主变压器及多回线路停运等；前者属于共因停运，后者属于元件组停运。

电源到负荷点之间是由各种元件串并联而成，是一个串并联交错的混合系统。对于串联系统而言，只要有一个元件运行状态出现问题，就会导致整个系统的运行受到影响，所以只有当整个系统所有组成部分都运行良好时，串联系统才能完好运行。对于并联系统而言，只有所有元件运行状态出现问题，整个系统的运行才会受到影响。

1. 串联系统

串联系统指系统中任何一个元件的失效均构成系统失效的一个系统，即必须所有元件完好，系统才算完好。

设 x_i 事件表示元件 i 工作，$\bar{x}_i$ 表示元件 i 失效；S 事件表示系统工作，$\bar{S}$ 表示系统失效。由 n 个独立元件构成的串联系统有如下关系：

$$
\begin{aligned}
S &= x_1 \bigcap x_2 \bigcap x_3 \bigcap \cdots \bigcap x_n \\
\bar{S} &= \bar{x}_1 \bigcup \bar{x}_2 \bigcup \bar{x}_3 \bigcup \cdots \bigcup \bar{x}_n
\end{aligned} \qquad (8\text{-}21)
$$

由于元件互相之间独立，所以，系统可靠性工作概率 $P(S)$ 为：

$$P(S) = P(x_1 \bigcap x_2 \bigcap x_3 \bigcap \cdots \bigcap x_n) = P(x_1)P(x_2)\cdots P(x_n) \quad (8\text{-}22)$$

$P(S)$ 又叫系统的可靠度，记为 R_s；$P(x_i)$ 称为元件的可靠度，记为 R_i。若 $P(x_i) = R_i(t)$，则系统可靠度 $R_s(t)$ 为：

$$R_s(t) = \prod_{i=1}^{n} R_i(t) \quad (8\text{-}23)$$

2. 并联系统

并联系统指系统中所有元件失效才构成系统失效的系统，即任一元件完好，系统即算完好。由 n 个独立的元件组成的并联系统，有如下关系：

$$S = x_1 \bigcup x_2 \bigcup x_3 \bigcup \cdots \bigcup x_n; \overline{S} = \overline{x}_1 \bigcap \overline{x}_2 \bigcap \overline{x}_3 \bigcap \cdots \bigcap \overline{x}_n \quad (8\text{-}24)$$

系统失效概率，即不可靠度为：

$$P(\overline{S}) = P(\overline{x}_1 \bigcap \overline{x}_2 \bigcap \overline{x}_3 \bigcap \cdots \bigcap \overline{x}_n) \quad (8\text{-}25)$$

由于各元件相互独立，所以：

$$P(\overline{S}) = P(\overline{x}_1)P(\overline{x}_2)\cdots P(\overline{x}_n) = \prod_{i=1}^{n} q_i \quad (8\text{-}26)$$

式中：$q_i = P(\overline{x}_i)$ 为元件失效概率。则：

$$P(S) = 1 - P(\overline{S}) = 1 - \prod_{i=1}^{n} q_i = 1 - \prod_{i=1}^{n} [1 - R_i(t)] \quad (8\text{-}27)$$

所以：

$$R_s(t) = 1 - \prod_{i=1}^{n} [1 - R_i(t)] \quad (8\text{-}28)$$

（四）故障模式后果分析法（FMEA）

故障模式后果分析法利用元件可靠性数据，对所有可能的故障事件或元件失效进行搜索，列出系统全部可能的状态，然后根据所规定的可靠性判据对系统的所有状态进行检验分析，建立故障模式后果表，求得系统的可靠性指标。

在列出全部可能的系统状态的过程中，首先对系统进行预想事故的选择，确定负荷点失效事件（即故障集），并对各个预想事件进行潮流分析和系统补救，形成事故影响报表，将这些失效事件（事故）和影响报表统一存放在预想事故表；根据负荷点的故障集，从预想事故表中提取相应故障的后果，计算负荷点的可靠性指标；系统可靠性指标则可从各个负荷点的可靠性指标分析得到。

负荷点失效事件包括：

（1）结构性失效（又称全部失去连续性事件）。指当负荷点和所有电源点之

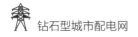

间的所有通路都断开时导致的该负荷点全部失电。通过寻找配电网络的最小割集可有效判断出全部失去连续性事件的停运组合。

（2）功能性失效（又称为部分失去连续性事件）。考虑到各元件的负载能力和系统电压约束，如果一个停运事件引起网络超过约束，则必须断开或者削减某一点的负荷以消除过载或电压越限。可通过最小割集中的元件组合来寻找可能引起部分失去连续性事件的停运组合，如二阶停运组合可以通过选择三阶割集中的所有二阶组合来获得。确定停运组合后，进行潮流计算并确定是否违反网络约束，即可鉴别是否会发生部分失去连续性事件。

第三节　钻石型城市配电网提高供电可靠性的措施

一、精准缩小故障停电范围和时间

从故障停电范围来看，钻石型城市配电网配置断路器，单一故障只停故障区段，而常规双环式接线故障后需先断开变电站出口断路器然后利用配电自动化进行供电恢复，会造成全线短时停电，故障影响范围较大。

若图 8-3 中的 F1 点故障，钻石型城市配电网开关站配置断路器，并配置纵差保护，故障瞬间 101 断路器和 102 断路器跳开，图中 F1 所在的蓝色故障区段被快速隔离，而后通过自愈系统快速恢复供电。而若开关站用的是负荷开关，则只能是 101 断路器先跳开，图中红色区域全部断电，故障范围被扩大，在配电自动化隔离故障区段后才能恢复供电。

若图 8-3 中的 F2 点故障，钻石型城市配电网开关站出线配置断路器，并配置过流保护，故障瞬间 106 断路器跳开，图中 F2 所在的蓝色故障区段被快速隔离，不会影响其他负荷供电。而若 106 用的是负荷开关，无论 106 下接入的是电源或者是负荷，则 101 断路器先跳开，图中红色区域全部断电，故障范围被扩大。在配电自动化隔离故障区段并闭合联络开关后部分负荷才能恢复供电，但 106 所在母线的负荷不能恢复，导致故障范围大幅扩大。

二、通过快速故障自愈提高供电可靠性

从故障停电时间来看，钻石型城市配电网开环运行，单一故障发生时可利用线路自愈切换，仅存在秒级停电现象，而常规双环式接线全线配置配电自动化，存在分钟级停电现象。

钻石型城市配电网全线配置自愈系统，10kV 开关站按母线段设置自愈保护

控制装置，具备每个间隔的遥测、遥信、遥控功能，就地完成信息采集，远方自动执行自愈策略。自愈系统利用光纤通道，交换开关站间的开关量和故障信息，实现故障情况下秒级恢复功能，有效保障故障情况下负荷的转移能力，保障钻石型城市配电网恢复力方面的韧性。

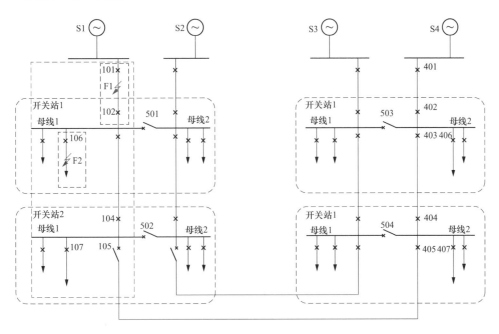

图 8-3 开关站断路器和负荷开关故障范围对比

第四节 上海钻石型城市配电网供电可靠性评估

本节以上海配电网供电可靠性参数为计算依据，采用故障模式后果分析法，在考虑"N-2"、检修方式 N-1 等多重故障停电的情况下，对比分析了 10kV 钻石型城市配电网和其他各种典型网架的供电可靠性。

一、计算参数

根据上海配电网的统计数据，表 8-2 给出了电缆、配电变压器以及母线等元件的故障参数，同时给出了相关的自动装置的动作时间。

二、计算结果

根据上述输入参数，假设线路的负载率都满足 N-1 要求，在不同 10kV 负荷密度下、不计预安排停电时间、花瓣式接线闭环运行、采用分布式 FA 进行供电

恢复，N-1 故障、"N-2"复杂故障以及考虑检修计划时，采用故障模式后果分析法对典型网架结构并考虑次干网时的供电可靠性进行计算，结果如表 8-3 和图 8-4所示。

表 8-2 供电可靠性计算参数取值

参数		参数值
电缆故障率（次/百公里）		0.84
电缆修复时间（h）		8
配电变压器故障率［次/（年·台）］		0.00135
配电变压器修复时间（h）		36
母线故障率（次/年）		0.0005
母线修复时间（h）		36
开关站备自投时间（s）		3
自愈系统动作时间（s）		1
无配电自动化	故障定位、隔离时间（h）	2
配置"二遥"终端	故障定位、隔离时间（h）	1
配置"三遥"终端（集中式 FA①）	故障定位、隔离时间（min）	3
配置"三遥"终端（分布式 FA）	故障定位、隔离时间（s）	30

注 ① 馈线自动化（feeder automation，FA）。

表 8-3 典型网架结构考虑次干网供电可靠性计算结果

10kV 负荷密度	接线模式	供电可靠率	户均停电时间（s）
60MW/km²	钻石型城市配电网	99.99939863%	189.6
	单环网	99.99937457%	197.2
	"双花瓣"接线	99.99941226%	185.3
	"单花瓣"接线	99.99946032%	170.2
	常规双环网	99.99915490%	266.5
50MW/km²	钻石型城市配电网	99.99939345%	191.3
	单环网	99.99936912%	199.0
	"双花瓣"接线	99.99940970%	186.2
	"单花瓣"接线	99.99946032%	170.2
	常规双环网	99.99912967%	274.5
40MW/km²	钻石型城市配电网	99.99938643%	193.5
	单环网	99.99936173%	201.3
	"双花瓣"接线	99.99940623%	187.3
	"单花瓣"接线	99.99946032%	170.2
	常规双环网	99.99909549%	285.2

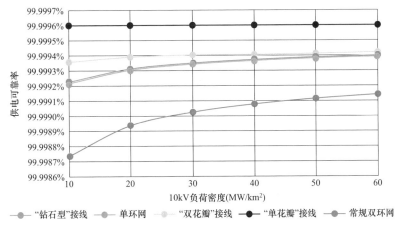

图 8-4　典型网架结构考虑次干网供电可靠性与 10kV 负荷密度关系图

注意表 8-3 的计算中，钻石型城市配电网和双花瓣接线主干网均以开关站为核心节点，考虑到上海中心城区次干网形成双环网的情况较少且运行复杂，可靠性计算时它们的次干网均按单一电源的环网站单环网考虑。而单花瓣接线模式全线为开关站配置，没有次干网络；常规双环网全线为环网站配置，没有主干网络。

分析表 8-3 和图 8-4 可知，由于各接线方式的主干网接线部分均能满足 N-1 安全供电要求，而"N-2"以及检修方式 N-1 发生概率较低，因此单环网接线的供电可靠性较其他接线只略低，而常规双环网采用配电自动化进行供电恢复，恢复时间比自愈和自切要长，供电可靠性会比单环网更低一些。

另外，由于负荷密度越大，供电半径越小，从而线路的故障率越低，表现为可靠性越高；当负荷密度较小时，各接线供电可靠性降低且差异逐渐拉大，而单花瓣接线采用闭环运行的方式，线路故障率对其供电可靠性几乎没有影响。

综合上述供电可靠性计算结果，典型网架供电可靠率排序为：单花瓣接线＞双花瓣接线＞钻石型城市配电网＞单环网接线＞常规双环网接线。

三、敏感性分析

除了负荷密度的影响外，本节还针对设备故障率指标和配电自动化水平对各种接线方式的可靠性的影响进行分析。

（一）设备故障率敏感性

图 8-4 和图 8-5 分别是各种接线模式供电可靠率的电缆线路故障率敏感性曲线和母线故障率敏感性曲线。

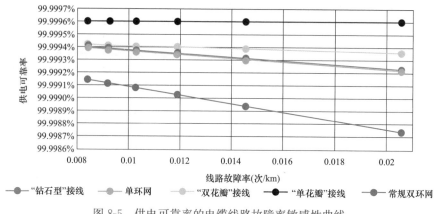

图 8-5 供电可靠率的电缆线路故障率敏感性曲线

由图 8-5 和图 8-6 可知，供电可靠率与电缆线路故障率、母线故障率基本呈线性递减关系，且母线故障率水平对供电可靠性的计算结果影响更大，是影响供电可靠性的关键影响因素之一。

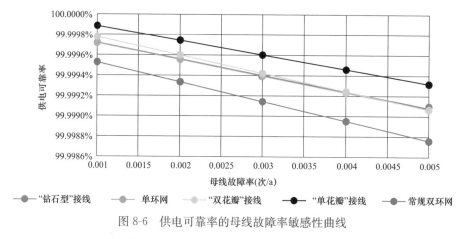

图 8-6 供电可靠率的母线故障率敏感性曲线

（二）配电自动化水平

针对有无配电自动化覆盖以及配电自动化的形式（"二遥""三遥"），分别进行供电可靠率的敏感性分析计算，结果如表 8-4 和图 8-7 所示。

表 8-4　　　　　　　　　　配电自动化供电可靠性水平分析

项目	钻石型城市配电网	单环网	"双花瓣"接线	"单花瓣"接线	常规双环网
无配电自动化（2h 恢复供电）	99.99904744%	99.9990414%	99.99927720%	99.99960203%	99.99841572%

续表

项目	钻石型城市配电网	单环网	"双花瓣"接线	"单花瓣"接线	常规双环网
"二遥"（1h恢复供电）	99.99922551%	99.99921848%	99.99934990%	99.99960203%	99.99878857%
"三遥"（不含馈线自动化 3min 恢复供电）	99.99939379%	99.99938667%	99.99941897%	99.99960203%	99.99912929%
"三遥"（含馈线自动化 30s 恢复供电）	99.99940120%	99.99939404%	99.99942146%	99.99960203%	99.99914357%

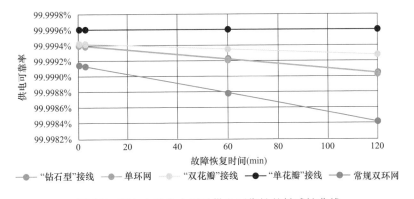

图 8-7 配电自动化水平对供电可靠性的敏感性曲线

在不配置配电自动化的情况下，典型网架供电可靠率由高到低依次为：单花瓣接线＞双花瓣接线＞钻石型城市配电网＞单环网接线＞常规双环网接线。单花瓣接线供电可靠率最高，为 99.99960203%；常规双环网接线供电可靠率最低，为 99.99841572%。

对于钻石型城市配电网来说，在不配置配电自动化时，电网供电可靠率为 99.99904744%，年户均停电时间约为 300.4s；在所有次干网电缆环网节点均配置"二遥"点时，供电可靠率提升至 99.99922551%，年户均停电时间降至 244.2s，较不配置配电自动化停电时间降低了 17%；在所有次干网电缆环网节点均配置"三遥"（分布式 FA）点时，供电可靠率 99.99940120%，年户均停电时间降至 188.8s，较不配置配电自动化低了 37.1%。

第五节 小 结

本章结合钻石型城市配电网的网架结构的特性，对钻石型城市配电网在供电

可靠性及其提升措施进行了分析，主要结论如下：

（1）钻石型城市配电网突破了开关站长链式接线保护配置瓶颈，具备网络故障的秒级自愈能力，为打造智慧可靠的配电网提供了坚实的基础架构。

（2）钻石型城市配电网主干线均配置断路器，单一故障情况下只停故障区段，可精准缩小故障停电范围和时间，有效提升供电可靠性。

（3）钻石型城市配电网供电可靠率超过五个"9"，且在不同的配电自动化水平下，均高于单环网和常规双环网，大幅提高了中心城区的供电可靠性。

第九章　钻石型城市配电网的价值分析

第一节　概　　述

伴随着快速发展的城市地区负荷的不断增长，大容量主变压器逐步接入配电网，开关站以其接线方式灵活、负荷释放能力强而得到广泛应用，配电网将形成多座变电站互联、架空线路和电缆线路共存的局面，这对城市配电网的供电能力和供电质量都提出了更高要求，使得配电网加强自身建设迫在眉睫。2014 年，上海以开关站为核心节点的 10kV 配电网发展模式正式确立。经过多年的电网建设与改造，上海基本形成了以开关站单环网为主的配电网架构。2017 年，为适应上海市"全球城市"总体规划，贯彻落实国家电网有限公司建设世界一流城市配电网的战略部署，上海启动了世界一流城市配电网建设和相应的配套研究工作。

经济性和可实施性是推进钻石型城市配电网建设的关键因素，无论对于城市中心城区还是其外围区域，都有必要开展钻石型城市配电网投资效益和实施合理性分析。这主要是因为：其一，配电网的投资占整个供电系统的 50％ 及运行成本的 20％，如何合理有效地利用资金，指导城市中低压配电网的发展，进行科学合理的规划显得格外重要；其二，配电网发展的模式还没有完全转变，效率效益重视程度也不够，规划落地执行缺乏保障，难以适应新形势下的发展要求，亟需建全配电网规划体系中的评价体系，强化整个标准规范的落实、落地，推动配电网向高质量、高效益迈进。

综合来看，相比双侧电源单环网，钻石型城市配电网新建和改造投资效益显著。因地制宜、提前部署钻石型城市配电网规划建设,将为城市的配电网长远高质量发展奠定良好基础。通过钻石型城市配电网工程的建设,促使配电网结构标准化率、变电站站间转供率、配电自动化覆盖率、智能电表覆盖率、清洁能源消纳率等指标大幅提升,形成"安全可靠、经济高效、技术先进、环境友好"的新型配电网,为城市经济社会高质量发展提供坚强电网保障。

本章将介绍关于城市配电网的新建项目和改造项目的经济性评价方法,在此基础上分析了钻石型城市配电网的可见经济价值,并结合国家战略、城市发展和电力系统的需求分析了钻石型城市配电网的社会价值和潜在价值。

第二节 城市配电网项目经济性评价方法

项目经济性评价是对工程项目的经济合理性进行计算、分析、论证,并提出结论性意见的全过程,是工程项目可行性研究工作的一项重要内容,也是最终可行性研究报告的一个重要组成部分。工程项目经济评价包括企业经济评价和国民经济评价,前者是从企业的角度进行企业盈利分析,后者是从整个国民经济的角度进行国家盈利分析。

一、 配电网工程项目经济性评价

目前工程项目经济性评价的理论和方法比较成熟,有系统的项目评价指标及体系,但电网工程项目具有自身的特点,电网投资项目所形成的资产都是大电网的组成部分,通过与其他新建资产以及现有资产的协同创造了电网的整体经济效益,要想准确、科学衡量电网中某一资产、某一项目的经济效益是很困难的,而单一资产效益又是项目经济性评价的基础。

1998 年以前,国家只对电源项目有相应的经济评价办法及规定,而电网建设项目没有对应的经济评价办法,这主要是因为中国以前电力部门政企不分、厂网不分和用电紧张造成的,忽视了电网工程的经济效益分析。1998~2004 年,随着大规模城网、农网改造的实施,为满足电网建设项目的可行性研究报告的编制和报批,原电力工业部制定了《电网建设项目经济评价暂行方法》(电计〔1998〕134 号),结合《城市电力网规划设计导则》(能源电〔1993〕228 号),两份文件成为这些年电网规划项目经济分析的依据。该经济评价办法主要从电力市场的实际出发,以电网的整体经济效益为中心,重点分析项目投产后对电网平均销售电价的影响及电价的承受能力,如果项目的财务评价不可行,采用电费加价的办法使项目的财务内部收益率达到行业基准收益率。这项工作的目的是作为项目法人向电价主管部门申报、批准的参考依据。

《城市电力网规划设计导则》（Q/GDW 156—2006）中则明确规定城网规划的经济评价包括城网经营企业制定的规划项目（包括新建、改扩建项目）的财务评价和社会效益评价。财务评价是从项目的角度出发，分析规划项目的盈利能力和清偿能力，评价规划项目财务上的可行性。社会效益评价是从社会整体利益出发，分析规划期内的投资、用电量的增加对城市环境、经济发展、居民生活等的贡献，评价规划项目在宏观经济上的合理性。

电网建设项目效益评价则是指对项目竣工后的实际经济效果所进行的财务评价和国民经济评价。大多数的项目经济效益评价为项目后评价，如以电网建设项目建成投产后的实际数据为基础，重新预测项目生命期内各项经济数据，计算出各主要投资效益指标，然后将它们同项目前评价预测的有关经济效益指标进行对比。其目的是分析和评价所建项目投产后重新计算的项目经济效益指标与预测指标的偏差情况及其原因，吸取经验教训，为提高电网建设项目投资实际效益和制订有关投资计划、政策服务。

考虑到电力商品在整体性、连续性和可靠性方面具有不同于其他商品的特点，因此配电网工程项目规划时的经济性评价可以定义如下：在满足一定供电可靠性和供电电能质量的前提下，配电系统的电力资源能够得到最充分利用，系统供电能力的效用得到最大程度的发挥，设备成本和损耗得到很好控制，同时对生态环境、社会等的负面效应最小。即主要关注的是资源投入和使用过程中成本节约的水平和程度及资源使用的合理性。

当应用到实际电网工程项目的经济效益评价中时，需要注意该评价存在的局限性。首先是缺乏专门针对电网工程项目适用的经济效益评价指标体系。由于一直以来电网建设过程中是将电网工程项目的安全性和可靠性放在第一位，电网工程项目的经济效益处于从属地位，如果经济效益的指标采用一般企业中常用经济效益指标，则针对性不强，因此可以考虑将电网性能参数引入到经济评价指标体系中。其次，输变电网络的连接性使得衡量单一电网工程项目的经济效益存在较大难度。由于很多电网工程项目不独立产生经济效益，而是由多个电网工程项目共同产生的，很难对其自身产生的经济效益进行准确评价，这一问题将来可以通过对比法或者效益分摊法进行处理。

现阶段，配电网工程项目经济性评价主要还是基于电网建设项目性质，侧重采用不同的经济指标进行评价。钻石型城市配电网既能用于新建电网又能用于改造电网，因此下文将从这两个角度出发，采用相应的经济指标分别对两者进行投

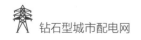

资经济性的分析。

二、新建项目的经济性评价指标及步骤

对于新建项目方案的比选，可以基于方案所含的全部因素计算各方案各方面的经济效益和费用，进行全面的对比，也可仅就不同因素计算相对经济效益和费用，进行局部对比。

（一）经济评价的指标选择

通常，新建项目的经济评价主要从总投资、净现值、内部收益率、年费用、费用现值等方面予以考虑。

（1）总投资。企业经营状况决定了企业可投资金的大小，总投资较大的项目可能不满足企业的负债能力。通过计算项目总投资额，一方面可以衡量项目的规模、生产能力和获利能力；另一方面可以与企业的可投入资金量进行对比，评价项目所占用资金的大小。总投资的计算需要参照技术上所需的各种原料和配件的成本、人员费率等进行核算，通常可采用定额法。

（2）净现值。净现值（net present value，NPV）是净现金流量按基准收益率折现后的累计值，反应投资项目在其经济寿命期内的获利能力，是对投资项目进行动态评价的最重要的方法之一。在新建项目的多方案比选中，可按照 NPV 大于零和 NPV 越大越好的标准对项目各方案进行排序，选择 NPV 值大的方案。

（3）内部收益率。内部收益率（internal rate of return，IRR）是反映项目获利能力的另一动态评价指标。在新建项目的多方案比选中，可按照 IRR 大于基准收益率和 IRR 越大越好的标准对项目各方案进行排序，选择 IRR 值大的方案。

（4）年费用。在比较效益相同或效益基本相同但难以计算的方案，特别是计算期不同的方案时，为了简化计算，可以采用年费用法进行比较。年费用法的计算公式如下：

$$AC = (I_0 + C_0)(A/P, r_c, n) \tag{9-1}$$

式中：AC 为年费用；I_0 为初始投资；C_0 为年经营总成本；r_c 为基准收益率；$(A/P, r_c, n)$ 为资金回收系数，财务中常称为年金系数，表示将现值按折现率 r_c 折算到 n 年的等年值；n 为项目寿命期。

基于年费用指标的方案评价标准：年费用低的方案为优方案。

（5）费用现值。费用现值是净现值的特例和变型。在方案比较中，当两个方案的生产能力相同时，为了简化计算，可仅比较其不同因素，即把各方案的投资和年成本换算成现值进行比较，费用现值低的方案为优方案。费用现值的计算公式如下：

$$PC = \sum_{t=0}^{n} (I_t + C_{ot})(1 + r_c)^{-t} \tag{9-2}$$

式中：PC 为费用现值；I_t 为第 t 年的投资；C_{ot} 为第 t 年的年经营总成本。

（二）新建项目经济评价步骤

电网新建项目的经济评价步骤包括：

1）计算新建项目各方案的投资；

2）根据负荷、网损率和可靠率测算各方案的电量增加量；

3）根据不同项目和企业的具体情况确定各方案的管理费用；

4）制定各方案的年现金流量表；

5）计算相关经济指标；

6）进行方案的比较和筛选。

三、改造项目的经济性评价

城乡电网改造工程是国家为加大基础产业投入、扩大内需、拉动经济增长而采取的重要决策。同时也是电力企业加快基础设施建设、提高电网设备水平的一次难得的历史机遇。配电网改造中，如何确定网络结构（包括运行线路和联络线路的走径、分段开关、联络开关的数量及位置等），使之既能适应城市建设逐步发展和用电负荷逐步增长的要求，又能满足用户对电能质量和供电可靠性的要求，是改造中的关键问题。在现状网络基础上，新建部分设备并对既有设备进行合理的改建扩建是解决上述问题的一个重要手段。

（一）经济评价的指标选择

改造项目的经济性评价可以采用年金法，就是通过计算设备更替的收益年金和年费用，并将二者做比较，以此来评判改造项目的经济效益。当收益年金大于年费用时，可以认为改造具有经济效益，方案可行。

（1）收益年金的测算。设备更替可以增加电量供应（更换同样设备时电量不变）、降低网损、提高电网可靠性从而带来电量增售收益，因此设备更替的年收益包括三部分，即：增量年收益＝增售电量收入＋线损降低减少的费用＋可靠性提高带来的收益，则收益年金可以表示为：

$$\Delta A = (\Delta Q_1 + \Delta Q_2 + \Delta Q_3) \times (p_d - p_s) \tag{9-3}$$

式中：p_d 是售电电价，p_s 是购电电价；ΔQ_1 是设备更替所带来的增售电量；ΔQ_2 和 ΔQ_3 分别是线损降低而减少的电量损耗和由于供电可靠性提高而增加的售电量，具体计算如下：

$$\Delta Q_2 = (r_{s0} - r_{s1})S_1 \tag{9-4}$$

$$\Delta Q_3 = (k_1 - k_0) \times 8760 \times LP_{max} \tag{9-5}$$

式中：r_{s0} 和 r_{s1} 为设备更替前后的线损率；S_1 为设备更替后的供电量；k_0 和 k_1 为设备更替前后的可靠率；LP_{max} 为设备更替所影响的最大所供负荷。

（2）年费用的测算。设备更替的投入包括两部分：一是处置原有设备的收益；二是购买新设备的投资。其中新设备的投资正常折旧后还有残值，这部分残值在未来可以通过处置设备回收，不应算在投资里。因此，有下面的计算式成立：

$$T = W_0 + W_1 - C_1 \tag{9-6}$$

式中：T 为设备更替的投入总额；W_0 为处置原设备的收益；W_1 为购买新设备的投资；C_1 为新设备的残值。

由于 $W_0 + W_1$ 为初始投资，C_1 为终值，可采用财务中将终值转换为年值以及将初始值转换为年值的方法进行折算，计算公式为：

$$\Delta B = (W_0 + W_1) \times \frac{r(1+r)^n}{(1+r)^n - 1} - C_1 \frac{r}{(1+r)^n - 1} \tag{9-7}$$

式中：ΔB 为年费用；r 为折现率（r 可以由企业根据自身状况确定，也可以根据市场利率确定）；n 为新设备使用年限。

（二）设备更替决策

设备更替的经济效益可通过收益年金和年费用来衡量，即：

$$\Delta M = \Delta A - \Delta B \tag{9-8}$$

即当 $\Delta M > 0$ 时，设备更替后的增量收益年金大于年费用时，设备更替的收益大于支出，设备更替方案是合理的，此时设备可以更换。

由于钻石型城市配电网的提高负荷转移能力、提高供电可靠性、提高电网效率、分布式电源的友好接入能力等附加价值难以量化，因此在分析其投资价值的基础上，本章还会对钻石型城市配电网具备的社会价值和潜在价值进行初步的分析。

第三节　配电网典型结构投资经济性分析

钻石型城市配电网的工程实践暂时还没有足够的数据支撑做完整的项目后评价，但是考虑到配电网建设项目属于典型的投资密集型项目，因此本节就对钻石型城市配电网和其他几种典型的配电网接线方式的投资经济性进行分析。

一、新建电网经济性估算

（一）网格化模型

在对钻石型城市配电网等典型网架进行经济性分析时，采用网格化模型，如

图 9-1 所示，其中每一个供电网格共分为 16 个地块，全部由 4 座变电站和 16 座 10kV 开关站供电。

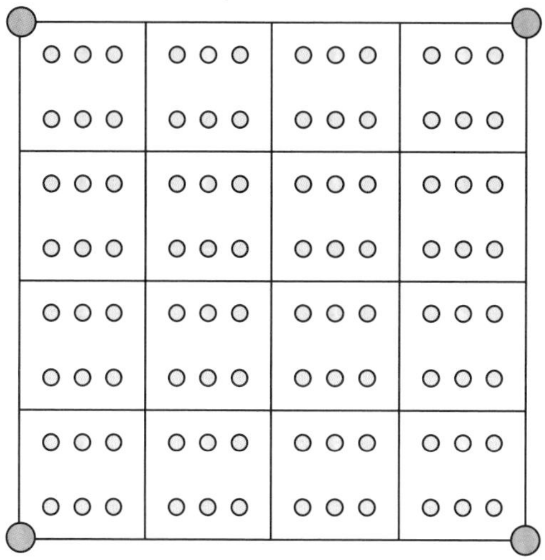

图 9-1　含次干网网格化分析模型

图 9-1 中，4 座变电站（蓝色圆点）位于网格四个角，每座变电站有 25％的容量为该供电网格供电。考虑 4 座变电站为 110kV 变电站，规模为 3×50MVA，则区域内供电容量为 150MVA。

图 9-1 共分为 16 个地块，16 座开关站（红色圆点）均匀分布于网格的每个地块中，开关站的 100％容量为网格供电。如考虑开关站供电负荷为 5MW，网格内开关站总负荷为 80MW，则网格 110kV 容载比为 1.88，在合理范围内。

16 个地块每个地块含 5 座 P 型站（绿色圆点），均匀分布在地块中。当考虑网格 10kV 负荷密度为 60MW/km²，则每个地块边长为 289m。

（二）典型网架方案

基于图 9-1 的网格化模型，构建出各典型配电网网架结构的接线模型。图中线条长度即为各级电压下的变电站、开关站等之间的需要建设的线路长度。

（1）钻石型城市配电网模型：钻石型城市配电网接线模型如图 9-2 所示。

（2）单环网接线：单环网接线模型如图 9-3 所示。

（3）双花瓣接线模型：双花瓣接线模型如图 9-4 所示。

（4）单花瓣接线模型：单花瓣接线模型如图 9-5 所示。

（5）常规双环网接线模型：常规双环网接线模型如图 9-6 所示。

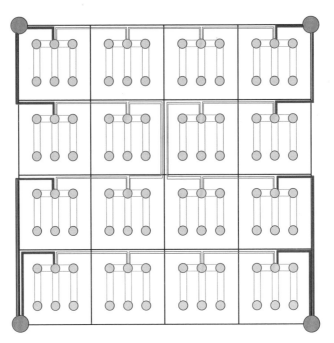

图 9-2　含次干网钻石型城市配电网模型

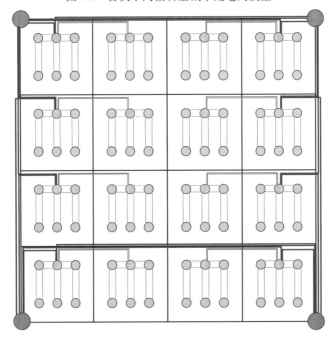

图 9-3　含次干网单环网接线模型

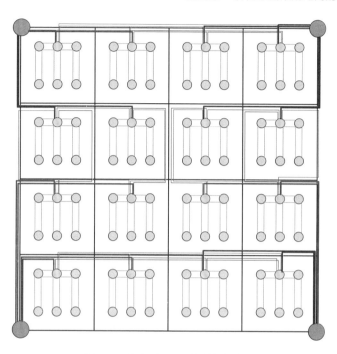

图 9-4 含次干网双花瓣接线模型

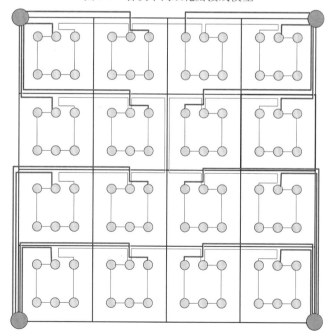

图 9-5 含次干网单花瓣接线模型

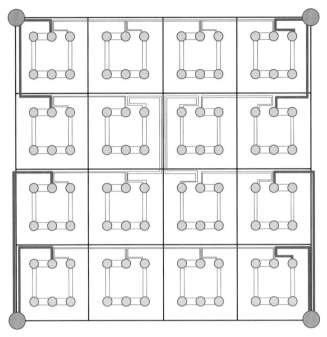

图9-6 含次干网常规双环网接线模型

（三）典型网架投资差异分析

根据上述网格化模型得到的各类典型网架需要建设的线路长度，估算出6类典型网架的一个供电网格的主干网投资，如表9-1所示。

表 9-1 典型网架投资估算 单位：万元

10kV负荷密度（MW/km²）	钻石型城市配电网	单环网接线（双侧电源）		单环网接线（单侧电源）		双花瓣接线		单花瓣接线		常规双环式接线	
	投资	投资	投资差异	投资	投资差异	投资	投资差异	投资	投资差异	投资	投资差异
60	43446	43750	−0.7%	42468	2.3%	44060	−1.4%	47501	−8.5%	33680	29.0%
50	43959	44322	−0.8%	42918	2.4%	44661	−1.6%	47988	−8.4%	34306	28.1%
40	44653	45096	−1.0%	43526	2.6%	45475	−1.8%	48647	−8.2%	35155	27.0%
30	45669	46231	−1.2%	44419	2.8%	46669	−2.1%	49614	−8.0%	36397	25.5%
20	47375	48135	−1.6%	45915	3.2%	48671	−2.7%	51235	−7.5%	38483	23.1%
10	51225	52432	−2.3%	49293	3.9%	53191	−3.7%	54895	−6.7%	43189	18.6%

从表9-1可以看出，负荷密度不同会导致各典型网架的投资有一定的差别，总体来说，钻石型城市配电网新建投资低于双侧电源单环网约0.7%～2.3%；高于单侧电源单环网约2.3%～3.9%。

以网格10kV负荷密度为40MW/km²为例，一个典型计算网格内钻石型城市配电网总投资 4.4653 亿元，较双侧电源单环网减少 1.0%，较单侧电源单环网增加 2.6%，较双花瓣接线减少 1.8%，较单花瓣接线减少 8.2%，较常规双环网接线增加 27.0%。

考虑到实际新建电网中按双侧电源单环网和单侧电源单环网建设的比例约为 1∶1，则钻石型城市配电网新建整体投资（含开关站）高于开关站单环网约 0.8%。但是从本书之前的章节分析中可知，钻石型城市配电网的供电灵活性和供电可靠性要明显优于单环网，且钻石型城市配电网更具有潜在和战略发展价值，这将在本章的第四节进行分析。

二、改造电网经济性估算

钻石型城市配电网的建设并非越早越好，当区域内开关站数量成一定规模后，钻石型城市配电网的技术经济优势会比较明显，特别是线路投资会相对节省。以上海为例，上海市现状中压电缆网以开关站（采用断路器）为主干节点，接线以单环网为主，未来电网的改造方向有钻石型城市配电网、单侧电源单环网、双侧电源单环网、单花瓣接线和双花瓣接线 5 种方案。根据调研，上海现状中压电缆网架有以下 5 种，如表 9-2 所示，其中蓝色圆点代表变电站，红色圆点代表开关站。

表 9-2　　　　　　　　　　不同现状网架方案

序号	现状网架
1	
2	
3	
4	
5	

计算 5 种现状网架情况下分别改造成钻石型城市配电网、单侧电源单环网、双侧电源单环网、单花瓣接线和双花瓣接线的投资差异，如表 9-3 所示。

分析表 9-3，与改造成钻石型城市配电网相比，现状各种接线模式改造成单花瓣接线的投资差异在 -1.2%～5.0% 之间，改造成双花瓣接线投资增加 22.4%～55.5%，改造成单环网接线（单侧电源）投资减少 5.6%～14%，改造成单环网接线（双侧电源）投资增加 19.7%～47.2%。可见，如果从配电网改造的角度出发，钻石型城市配电网的投资经济性是非常有优势的。

表 9-3　　　　　钻石型城市配电网和其他改造方案的投资比较　　　　单位：万元

接线模式	现状网架	新建开关站数量	新建线路总长度（km）	变电站间隔投资	开关站投资	主干线路投资	主干网保护/配电自动化投资	通道投资	总投资	投资差异
钻石型城市配电网	1	3	8.8	80	1995.0	882.5	150.0	308.9	3416	—
	2	2	6.7	80	1330.0	670.3	100.0	234.6	2415	—
	3	2	7.4	80	1330.0	741.0	100.0	259.4	2510	—
	4	1	6.0	80	665.0	599.6	50.0	209.9	1604	—
	5	1	5.9	0	665.0	588.3	50.0	205.9	1509	—
单花瓣接线	1	3	9.5	80	1995.0	953.2	90.0	333.6	3452	1.0%
	2	2	7.4	80	1330.0	741.0	60.0	259.4	2470	2.3%
	3	2	8.1	80	1330.0	811.8	60.0	284.1	2566	2.2%
	4	1	6.0	80	665.0	599.6	30.0	209.9	1584	−1.2%
	5	1	6.6	0	665.0	659.0	30.0	230.7	1585	5.0%
双花瓣接线	1	3	14.5	80	1995.0	1448.2	150.0	506.9	4180	22.4%
	2	2	12.4	80	1330.0	1236.0	100.0	432.6	3179	31.6%
	3	2	13.1	80	1330.0	1306.7	100.0	457.4	3274	30.4%
	4	1	10.9	80	665.0	1094.6	50.0	383.1	2273	41.6%
	5	1	11.5	0	665.0	1154.0	50.0	403.9	2273	55.5%
单环网（单侧电源）	1	3	7.4	80	1995.0	741.0	90.0	259.4	3165	−7.3%
	2	2	6.0	80	1330.0	599.6	60.0	209.9	2279	−5.6%
	3	2	6.0	80	1330.0	599.6	60.0	209.9	2279	−9.2%
	4	1	5.3	80	665.0	528.9	30.0	185.1	1489	−7.2%
	5	1	4.5	0	665.0	446.9	30.0	156.4	1298	−14.0%
单环网（双侧电源）	1	3	13.1	240	1995.0	1306.7	90.0	457.4	4089	19.7%
	2	2	10.9	240	1330.0	1094.6	60.0	383.1	3108	28.7%
	3	2	11.7	240	1330.0	1165.3	60.0	407.9	3203	27.6%
	4	1	9.5	240	665.0	953.2	30.0	333.6	2222	38.5%
	5	1	10.1	160	665.0	1012.6	30.0	354.4	2222	47.2%

第四节　潜在价值和战略发展价值分析

钻石型城市配电网的建设不仅具有良好的投资经济性，而且具有高度的运行灵活性，契合电力系统、城市和国家的发展战略，对行业发展和社会进步有着不可替代的价值。作为智慧之城与低碳电力融合的支撑者，未来的城市配电网可以参考以钻石型城市配电网为骨架，促进能源清洁低碳转型，支撑构建新型电力系统。本节就以钻石型城市配电网灵活的潮流调节能力为例说明其在保障安全可靠供电上表现出来的价值，另外，再从电力系统专业技术发展以及国家战略发展的角度，分析其更深层次的价值体现。

一、安全灵活可靠供电

在正常运行方式下，钻石型城市配电网可通过灵活调节变电站所供的开关站数量，在不降低配电网供电可靠性的前提下，实现上级电源变电站负载的有效平衡，优化配电网潮流，非常适用于大容量主变压器、小容量主变压器交叉供电的区域以及变电站负载率不均衡的区域。钻石型城市配电网负荷平衡示意图如图9-7所示。

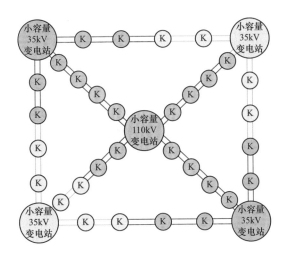

图 9-7　钻石型城市配电网站间负荷平衡示意图

对于电源来自同一变电站的开关站单环网，不具备站间负荷转供和负荷平衡的能力；对于电源来自不同变电站的单环网，站间负荷转供可按线路 N-1 负荷转供能力进行分析，站间负荷平衡可通过调节开关站分段开关和线路开关进行负荷平衡，负荷平衡能力与单环网所带母线数量和负荷值相关。但单环网在负荷平衡时需要把一侧电源的负荷全部转移到另一侧电源，在事故状态下会造成停电范围扩大，因此单环网负荷平衡灵活性较差。

单花瓣接线双侧电源供电，在开关站负荷满足上述条件时，具备 N-1 和 100% 的站间负荷转供能力。正常运行方式下单花瓣可通过联络开关进行站间负荷平衡，但负荷平衡要打破花瓣闭环运行的条件，负荷平衡的灵活性较差。

二、电网发展潜在价值

作为智慧之城与低碳电力融合的支撑者，未来的城市配电网可以参考以钻石型城市配电网为骨架，将有"高比例新能源广泛接入、高韧性电网灵活可靠配置资源、高度电气化的负荷多元互动、基础设施多网融合数字赋能"特征附着其上，可以充分释放配电网的潜在价值，最大化已有资产的价值。

钻石型城市配电网的价值创造体系，是在深度融合能源网架体系和信息支撑体系的基础上，开展的各类业务活动和价值创造行为。钻石型城市配电网价值创造体系以"3个要素（技术，数据，管理）、3个要点（网架、场景、模式）"为基本架构，通过3个要素赋能，从网架、场景、模式3个要点入手，以优化的手段深化基础功能，积极开拓新兴价值，建设能源互联网形态下的钻石型城市配电网生态圈。

从网架方面入手，基于钻石型城市配电网的友好接入和安全韧性的特征，以其为基础，建设特色微电网。遵循"清洁低碳、安全可靠、经济高效"的基本原则和要求，建设"一新❶、两微❷、三自❸"为特征的微电网，拓展钻石型城市配电网的业务范围，进一步提升自治友好和主动支撑能力，促进能源清洁低碳转型，支撑构建新型电力系统。微电网可将多种逆变型分布式电源组合在一起加以统一的能量控制，既可以并网运行也可以脱离大电网孤岛运行，不但能提高城市重要用户的供电可靠性及电能质量，甚至还可以在大电网崩溃时提供黑启动能力。同时，并网型微电网是实现分布式发电在用户间交易的一种有效方式，通过源-网-荷-储统一管理理念，避免了将用户、配网、电源割裂成单独的主体，因此可以"绕开"交易规则、电网消纳意见以及"过网费"核定等难题。交易规则可以融合利用区块链技术，保证交易的安全和实时性。通过并网微电网模式，一方面可以使分布式电源面向用户直接交易更为简单可行；另一方面，也可以减少交易管理和调度管理的压力。

同时，通过在钻石型城市配电网上加装感知装备，可以对配电网进行近实时的状态感知，快速的判断网架安全状态并为调控及运维人员提供准确的运行趋势。基于钻石型城市配电网的特征和网架优势，不仅可以通过算法为配电网运行管理人员提供最优的运行策略和防御措施，还可以根据实时感知到的配电网各种不确定性因素，如负荷随机需求响应、电动汽车无序接入、分布式电源间歇性出力、外部灾害因素等，有效实现与各参与方（虚拟电厂、微网、分布式电源、电动汽车、一般用户等）之间的互动，拓展出丰富的服务场景与管理目标。

---

❶ 以新能源发电为主体。
❷ 供电范围和系统规模有限。
❸ 自平衡、自管理、自调节。

为了进一步释放钻石型城市配电网的潜力，应该充分优化利用现有网架基础资源，最大化存量资产利用率。深入挖掘钻石型城市配电网现有开关站、沟道管廊等配电网基础资源的共享渠道与商业化潜能，面向运营商、互联网企业等推进基础资源共享运营，提高资产利用效率。为了进一步提升钻石型城市配电网的网架资源优势，可借鉴多站融合的建设思路，提升钻石型城市配电网中变电站和开关站的融合化、高速化及效益化的特征。加深"融合化"的应用思路，拓展资源复用渠道。"融合化"即通过电力通信资源的复用，多站间的空间融合化建设，实现资源优化配置，并基于多站间的业务进行跨界业务融合应用。通过"高速化"的建设思路，实现数据处理的低延迟性及业务响应的高即时性，为服务应用场景打好基础。"高速化"即通过5G基站、边缘数据中心站的广泛布点，为高清视频数据的传输提供高速网络，并支持高速渲染、低时延工业控制等应用。最终达到"效益化"的目的，把握多站融合的市场准绳。"效益化"主要体现在三方面：一是能源领域，能源领域多站融合通过对分布式新能源发电站、储能站等的建设，可有效促进新能源消纳，提高发电企业售电收益，降低输配电网改造和变压器扩容成本，并可降低用户用能成本，实现多方受益；二是信息通信领域，通过电力场站、杆塔沟道的对外开放共享，可有效匹配5G基站、北斗地基增强站、边缘数据中心站等的建设及布点需求，降低通信运营商信息通信基础设施投资；三是政务领域，多站融合建设可为气象、环保、公安、城管等政府部门提供广泛的场站、杆塔沟道资源以及高速的电力通信和数据响应资源，助力政务服务降本增效。

钻石型城市配电网主要的服务场景应该是以数字化为载体，目标优化为手段，来构建电力数字化城市，为用户和电网运维人员提供便利服务。最具体的例子就是电动汽车服务，为了满足未来大规模的电动车用户，钻石型城市配电网可以固定或移动充电桩为基础，以车联网为主导，构建"e充电"全业务统一入口，支持社会运营平台和充电桩广泛接入，推动实现电动汽车负荷参与配电网深度互动，打造充电出行与智慧能源深度融合的产业生态，助力企业打造交通领域基础能源服务运营商。绿色交通业务核心价值在于实现"多维度"绿色交通新生态。电能替代应用可以钻石型城市配电网充足的开关站为基础，从可移动或固定充电设施为抓手，探索充电桩的计费模式；交通形态支持以充电生态为基础，为用户提供交通用能数据统计与图表分析；支撑绿色交通出行生态通过构建以充（换）电设施为核心、交通用能数据统计为手段，建立"V2G"市场机制，构建便捷高效的绿色交通出行生态，达成社会效益与经济效益的双重目标。同时可结合数据平台建设，将电动汽车充电数据纳入大数据分析的一环，以实现交通能耗数据的采集、分析，最终实现交通设备运行的参数控制。电动汽车方面，根据用户充电习惯、行驶半径和线路等要素，利用电网布局特点，建设具备充电功能、网络覆盖、便捷使用特性的充电设施或电站。统一规划配套建设公用汽车、小客车公用充电桩站；开通电动公交线路，采用电动汽车定时通勤，实现区内人员共享电动出行等。

再举个广泛一点的例子，钻石型城市配电网通过助力发展源网荷储协同互动，可以为客户提供高效高质的用电服务。通过虚拟电厂、源网荷储泛在调度控制、源网荷储市场化交易、客户侧源网荷储协同服务等方式，实现各类电源、负荷和储能与钻石型城市配电网协同优化的产业生态，增强配电网调节能力，提升客户用电用能效率效益。以"源网荷储"集群控制技术、钻石型城市配电网同步量测融合技术为基础，在中心城区建设多能互补综合能源站、多元储能系统、负荷侧虚拟同步机、商业建筑虚拟电厂群，利用 AI、云计算、大数据等信息技术，推动智慧城市中能源生产、运营的智能化。源网荷储一体化协同（虚拟电厂）工作，通过充分利用各类可控资源，优化不同时间段的可控资源，提升电网设备的运行效率。未来可配合钻石型电网的感知力对其产生的源网荷储数据进行分析，助力研究包括铁塔基站负荷、数据中心负荷、居民负荷、工业负荷、充电桩负荷、储能等分布式资源的城市广域虚拟电厂聚合构建技术及虚拟电厂内部多主体协同互补控制策略，完善虚拟电厂调度、交易运营支持系统和通信及网络安全技术。

未来的基于钻石型城市配电网的服务模式一定是以大数据为基础，多场景去创造数据价值的。模式的设定应以服务电网安全生产、服务电网精益管理、服务客户价值提升、服务社会民生发展、服务产业链协同为主线，提升电网安全性、促进企业降本增效，助力建设以客户为中心的服务体系；承担公司的社会责任并发挥枢纽作用，利用能源电力数据服务社会发展，促进产业链协同。同时，要构建数据要素价格机制，探索数据商业运营模式。借鉴互联网企业成熟模式，构建由"搬数据"向"搬模型"转变的交易机制，守住用户数据隐私红线；以需求为导向，引入市场决定的数据要素价格机制，科学评估数据资产价值，形成数据资产化运营制度规范，为常态化运营数据、挖掘数据商业价值提供程序法则；利用技术将以用户为核心的大数据、以终端网点为核心的资源数据等连接、聚合起来，深度挖掘数据价值，将数据赋能钻石型城市配电网生态圈各端的业务场景，构建数据商业模式，实现价值变现；明晰数据运营权、收益权、使用权等权责归属，理顺数据资产化运营的经营主体，以公允价格确立独立商业运营模式。

三、战略发展价值分析

首先，钻石型城市配电网的建设非常契合国家的重大战略。2020 年 9 月，习近平总书记在七十五届联合国大会一般性辩论上，提到中国将提高国家自主贡献力度，采取更加有力的政策和措施，力争达到"双碳"目标。2021 年 3 月，习近平总书记在中央财经委员会第九次会议上部署未来能源领域重点工作中提出：要构建清洁低碳安全高效的能源体系，控制化石能源总量，着力提高利用效能，实施可再生能源替代行动，深化电力体制改革，构建以新能源为主体的新型电力系统。能源发展的绿色低碳趋势不可逆转，钻石型城市配电网的友好接入特征可以在未来充分发挥资源配置作用，促进清洁能源高效转换，推动高比例分布式清洁能源和新型负荷的"即插即用"和全额消纳。其为国家降低对化石能源的依赖，完成"双碳"的能源战略做出贡献，体现了自己的价值。

其次，钻石型城市配电网的建设能满足卓越城市的发展需求。"中国经济已由高速增长阶段转向高质量发展阶段"，是党的十九大对中国经济发展做出的一个重大判断。城市作为国家的重要组成部分应主动适应经济发展新常态、培育新的增长点、增强发展新动能。然而城市是一个开放的复杂系统，其面临的不确定性因素和未知风险随着发展不断增加。在各种突如其来的自然和人为灾害面前，往往表现出极大的脆弱性，而这正逐渐成为制约城市生存和可持续发展的瓶颈问题。智慧城市是以习近平同志为核心的党中央立足中国城市发展实际，顺应信息化和城市发展趋势做出的重大决策部署。智慧城市通过协调各方资源不仅可以为人民带来便利，更可以抵御各种灾害。拥有韧性的智慧城市就是卓越城市的建设方向。城市大脑运转策略离不开拥有安全韧性特征的配电网，安全韧性较高的钻石型城市配电网，在发生小概率大影响的极端事件时，可以调整自身源荷分布，维持或者快速恢复原有运行状态，极大减少极端事件对电力系统的影响，为关键负荷提供更有力的保障。卓越城市的发展建设与钻石型城市配电网建设相融，多方联动，形成共建共治共享的城市安全稳定运行命运共同体。

同时，钻石型城市配电网的建设能带动能源互联网产业链发展。当前世界局势危机并存，国内宏观经济下行，电力行业承担巨大经营压力。相关企业对外需要争取引领国内能源发展，对内需要创新发展模式，也需要发挥能源互联网全方位带动引擎的作用，进一步扩大价值链，激发行业潜在价值，形成良好的互联网发展生态。钻石型城市配电网作为上海能源互联网配网规划里的重要一环，以适度超前的投资和"灵活可靠、智慧高效、经济适用、友好互动"的特点贯彻先进理念，应用先进技术，创新体制机制和业务模式，提高电网资源配置、安全保障、智能互动和服务支撑能力，从技术上、功能上、形态上、业务上推动传统配电网向能源互联网升级。

钻石型城市配电网的建设还能满足城市用户用能多样化的需求。电网性能是一切评价和决策的出发点和归宿点。城市用户从"能用电"到"用好电"的转变已经成为普遍趋势。钻石型城市配电网目前已可以提供更高效、更可靠的电能。在未来通过友好接入的特征不仅可以提供更安全、更绿色的电能，还能通过其他特征的衍生进一步深化发展应用，优化用电成本，提供更广泛、更智能的电能，更公平、更开放的电能，更好的支撑社会经济发展。

第五节　小　　结

钻石型城市配电网的经济性在前面的各个章节中都有所体现，如实现了站间负荷平衡，有利于变电站容量释放，主变压器及线路利用率将提升；占用上级变电站间隔减少，串接4～6座开关站节约出站通道；现状单环网接线新建或改接开关站间线路便可实现钻石型城市配电网升级；用户接入线路在地块内就近接入，相对接入线路较短；对站址、通道资源要求较低等等。因此本章主要结合钻石型城市配电网的新建项目和改造项目具体分析了其投资上的经济性，最后还对其潜在价值和战略发展价值特性进行了梳理，主要结论如下：

（1）钻石型城市配电网积极服务国家"双碳"目标愿景，可以很好的服务电力行业的碳排放进程管理，助力国家碳市场运作。

（2）顺应"能用电"向"用好电"转变的能源消费趋势，打造高质量、一体化的能源电力体系，构建高效、绿色、智能、安全的配电网络，搭建定制化、个性化的能源服务场景，为城市各类用户提供更加便捷、低碳、开放、共享的多元化能源服务，提供更加灵活、互动的用能体验。

第十章 钻石型城市配电网的继电保护及自动装置配置方案

第一节 概　　述

随着城市建设的飞速发展，城市配电网用电量不断增长，10kV 配电网结构也有了很大的变化，对供电可靠性的要求也日趋提高，这就需要 10kV 配电网一次结构和二次继电保护以及自动化系统相互配合、逐步改进，使 10kV 配电网系统更趋完善。

继电保护的作用就是通过实时反映电力系统设备运行状态，根据运行状态自动调整或发出告警信号，快速切除故障设备元件或缩小事故范围，最大限度地保证向用户安全连续供电，从而提高电力系统运行的可靠性。因此继电保护装置是保证电力系统安全、稳定运行不可或缺的重要装备，任何电力系统元件不得在无继电保护的状态下运行。按照《3～110kV 电网继电保护装置运行整定规程》(DL/T 584—2017) 的规定，继电保护整定计算定值必须满足快速性、选择性、灵敏性和可靠性四项基本要求。在配电系统整定计算中若不能兼顾这四项基本要求时，则按下级服从上级、上级尽可能照顾下级的需要，并保证重要用户供电的原则进行合理取舍。

据统计，电力系统超过 85％的故障停电是由于配电网故障造成的，因此为了提高供电可靠性，必须对配电网采取自动化故障处理措施。由于配电网的特殊性，难以单纯采用继电保护配合的手段有效进行故障隔离和最大限度地恢复健全

区域供电，通常需要建设配电自动化系统来进行故障处理。

钻石型城市配电网的这种全断路器、全互联的分层结构对继电保护和安全自动装置提出了新的要求。国网上海市电力公司在实践中通过利用差动原理的保护简化继电保护配合关系，调整备自投逻辑并采用自愈系统充分地发挥了钻石型城市配电网网架结构的优势。

本章主要基于钻石型城市配电网主干网和次干网的目标网架、运行方式，提出了钻石型城市配电网继电保护配置及自动装置配合模式，为配电网的自动化水平和供电可靠性的提高奠定了坚实的基础。

第二节　配电系统继电保护及自动装置配置基本要求

一、配电系统继电保护配置的基本要求

在配电网继电保护配置方面，相关技术标准已给出了一般配电网保护配置的基本原则，总结如下：

（1）对于供电半径较长、沿线短路电流差异明显，具备三段式过流保护配合条件的馈线，可在适当位置配置若干级三段式过流保护，并与变电站出线断路器形成保护配合。

（2）对于馈线末端短路电流低于馈线首端负荷电流的情形，可将该馈线分段并在合适的位置配置多级三段式过流保护。在这种情况下，沿线短路电流差别显著，具备多级三段式过流保护配合的条件，并且必须分段配置多级三段式过流保护，否则末端发生相间短路故障时可能会失去保护而不能切除故障。对于供电半径短、沿线短路电流差异不大的馈线，仍可实现多级保护配合。

（3）对于在主干线上配置了多级三段式过流保护配合的配电线路，当短路电流水平较低且变压器抗短路能力较强时，可将其Ⅰ段和Ⅱ段的延时时间均增加，并在具备配合条件且故障率高、故障修复时间长的分支线、次分支线（或用户线路）配置断路器和电流保护，与主干线断路器形成延时时间级差配合。

（4）对于架空线路或架空-电缆混合线路，可配置带电后自动重合闸功能，对于分布式电源接入容量较低馈线的重合闸延时时间可设置为 0.5s，对于分布式电源接入容量较高馈线的重合闸延时时间可设置为 2.5～3s，目的在于确保在重合闸之前，馈线上的所有分布式电源能够可靠脱网。

（5）馈线上配置继电保护的开关应采用断路器，其余馈线开关均可采用负荷开关。

钻石型城市配电网采用了全断路器、全互联的分层结构，因此对继电保护和安全自动装置提出了新的要求。国网上海市电力公司在实践中采用了三段式电流保护和纵联差动保护来简化继电保护配合关系，因此下面分别介绍三段式电流保护和纵联差动保护的原理。

（一）三段式电流保护

　　三段式电流保护指的是电流速断保护（第Ⅰ段）、限时电流速断保护（第Ⅱ段）、定时限过电流保护（第Ⅲ段）相互配合构成的一套保护。

　　1. 电流速断保护（第Ⅰ段）

　　对于仅反应于电流增大而瞬时动作的电流保护，称为电流速断保护。为优先保证继电保护动作的选择性，就要在保护装置起动参数的整定上保证下一条线路出口处短路时不起动，这在继电保护技术中，又称为按躲过下一条线路出口处短路的条件整定。

　　以图 10-1 所示的网络接线为例，假定每条线路上均装有电流速断保护，对于安装在 A 母线处的保护 1 来讲，其起动电流必须整定得大于 d2 点处短路时可能出现的最大短路电流，即在最大运行方式下 B 母线上三相短路时的电流。当被保护线路的一次侧电流达到起动电流这个数值时，安装在 A 母线处的保护 1 就能起动，最后动作于跳断路器 1。

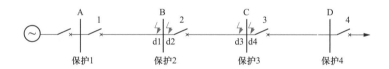

图 10-1　简单网络接线示意图

　　对保护 2 来讲，按照同样的原则，其起动电流必须整定得大于 d4 点处短路时可能出现的最大短路电流，即在最大运行方式下 C 母线上三相短路时的电流，当被保护线路的一次侧电流达到起动电流这个数值时，安装在 B 母线处的保护 2 就能起动，最后动作于跳断路器 2。后面几段线路的电流速断保护整定原则同上。

　　电流速断保护的主要优点：简单可靠、动作迅速，因而获得了广泛的应用。电流速断保护的缺点：由于要躲开下一段线路首端故障时的最大短路电流，因此必须引入的可靠系数，使得速断保护不能保护本线路的全长，且保护范围直接受系统运行方式变化的影响。运行实践证明，电流速断保护的保护范围大概是本线路的 85%～90%。

2. 限时电流速断保护（第Ⅱ段）

由于有选择性的电流速断保护不能保护本线路的全长，因此考虑增加一段新的保护，用来切除速断范围以外的故障，保护本线路的全长，同时也能作为电流速断保护的后备保护。

由于要求限时电流速断保护必须保护本线路的全长，因此它的保护范围必然要延伸到下一条线路中去。如图 10-1 中，保护 1 的保护范围就延伸到了 d2 点之后，因此 d2 点处发生短路时，保护 1 就要起动，在这种情况下，为了保证动作的选择性，就必须使保护的动作带有一定的时限，但又为了使这一时限尽量缩短，考虑使它的保护范围不超过下一条线路速断保护的保护范围（即图 10-1 中的保护 2 的速断保护范围），因此动作时限只需要比下一条线路的速断保护高出一个时间阶段就可以了。所以限时电流速断保护能以较小的时限快速切除全线路范围以内的故障。

3. 定时限过电流保护（第Ⅲ段）

过电流保护通常是指其起动电流按躲过最大负荷电流来整定的一种保护。它在正常运行时不起动，而在电网发生故障时，则能反应于电流增大而动作，它不仅能保护线路的全长，也能保护相邻线路的全长，以起到后备保护的作用。

为保证在正常运行时过电流保护绝不动作，保护装置的起动电流必须整定得大于该线路上可能出现的最大负荷电流，并且在实际中确定起动电流时，还必须考虑在外部故障切除后，保护是否能够返回的问题。

过电流保护的动作时限要按照选择性的要求来整定，如图 10-1 所示，假定在每个电气元件上均装有过电流保护，各保护装置的起动电流均按照躲开被保护元件上各自的最大负荷电流来整定。这样当 D 点之后短路时，保护 1、2、3、4 在短路电流的作用下都可能起动，但要满足选择性的要求，应该只有保护 4 动作切除故障，其他保护在故障切除之后应立即返回。这个要求只有依靠使各保护装置带有不同的时限来满足。这种保护的动作时限，经整定计算确定后，即由专门的时间继电器予以保证，其动作时限与短路电流的大小无关，因此称之为定时限过流保护。

此保护的缺点：当故障越靠近电源端时，短路电流越大，但定时限保护动作启动时限反而越长。因此，在电网中，广泛采用电流速断保护和限时电流速断保护来作为本线路的主保护，以快速切除故障，利用定时限过电流保护来作为本线路和相邻线路的后备保护，此时对本线路来说称之为近后备保护，对相邻线路来说，称之为远后备保护。

（二）纵联差动保护

现代城市配电网络为了提高供电可靠性，逐渐由径向型拓扑结构逐渐向闭环多电源供电拓扑结构发展，因此难以维持保护内部及保护之间的充分选择性，无法通过传统过电流继电保护来解决这个问题。从电网保护的角度看，这给传统配电网的主要保护理念及继电保护带来了新的挑战，如果不能很好地解决这一问题，就将导致电网故障的影响扩大。

另外，传统继电保护仅反应线路一侧的电气量，不可能快速区分本线路末端和对侧母线（或相邻线始端）故障，为了确保有选择性地切除线路上任意点的故障，一般采用电流、距离保护等阶段式保护的配合。对于线路末端故障需要这些保护的Ⅱ段或Ⅲ段延时切除，这对 35kV 及以下电压等级的重要电力负荷来说，难以满足系统稳定性和快速切除故障的双重要求。

因此从保护技术的角度看，解决方案的目标是实现快速的单元保护，也就是为电网的规定部分提供绝对选择性的快速保护，同时还要保持其稳定并不受保护区域外故障的影响。配电线路的纵联差动保护就是利用通道将本侧电流的波形或代表电流相位的信号传送到对侧，通过比较两侧电流的幅值和相位来区分是区内故障还是区外故障，从而达到快速反应及保护线路全长的目的。

由于纵联差动保护只在保护区内短路时才动作，不存在与系统中相邻元件保护的选择性配合问题，因而可以快速切除整个保护区内任何一点的短路，这是它的可贵优点。但是，为了构成纵联差动保护装置，必须在被保护元件各端装设电流互感器，并将它们的二次线圈用辅助导线连接起来，接差动继电器。以前由于受辅助导线条件的限制，纵向连接的差动保护仅限于用在短线路上，由于光纤的广泛使用，纵联差动保护已可作为长线路的主保护。

以手拉手环状分段运行配电网为例，如图 10-2 所示，光纤纵联差动保护装置保护 AF 线路全长。正常运行方式下，分段断路器打开，母线 M、N 分别为 1、2、3 和 4、5、6 号负荷供电。

当 DE 区间内发生接地短路故障时，D、E 处的纵联差动保护装置检测到发生在 DE 区间内的故障，保护动作，隔离 DE 段，发送信号至分段断路器控制器，分段断路器闭合，3 号负荷由母线 N 供电。A、B、C 和 F 处的保护测得发生了区外故障，保护不动作，1、2 号负荷由母线 M 正常供电。

如果 CD 区间内发生了接地短路故障，C、D 处的纵联差动保护装置检测到发生在 CD 区间内的故障，保护动作，隔离 CD 段，2 号负荷断电。AB 保护测得发生区外故障，保护不动作。EF 保护测得区外发生故障及断电，发送信号至分段断路器控制器，分段断路器闭合，F 保护依靠自身储备电源发出重合闸信号，3 号负荷由母线 N 供电，1 号负荷由母线 M 供电。

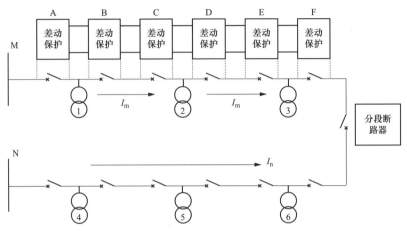

图 10-2　手拉手环状分段运行配电网纵联差动保护装置示意图

以上故障发生时，由于光纤电流差动保护的速动性，当某一区间内发生故障时，邻近区间的保护不会误动。非故障段被断电的负荷会被正确地切换到另一条线路上正常供电，仅故障段被隔离。

纵联差动保护具有原理简单、运行可靠、动作快速准确等优点，而且这种保护无须与相邻线路的保护在动作参数上进行配合，可以实现全线速动。随着城市配电网的优化和改造工程的进行，以及中、低压短线路和短线路群的出现，城市配电网选择光纤纵联差动保护成为一种必然趋势。

二、备用电源自动投入配置的基本要求

备用电源自动投入装置（automatic transfer switching equipment，ATSE），简称备自投装置或 AST 装置，是指当电力系统故障或其他原因使工作电源被断开后，能迅速将备用电源或其他正常工作的电源自动投入工作，使工作电源被断开的用户能够迅速恢复供电，从而提高供电可靠性。由于备自投接线相对简单、经济、成功率较高，能够较好地实现对用户的相对连续供电（会间断几秒，依据运行方式由定值整定），是提高对用户不间断供电的经济而有效的重要技术措施之一，因此在变电站的 110kV 及以下系统中得到广泛的应用。

（一）备自投接入方案及特点

在现代电力系统中，为节省设备投资、简化电网的接线及其继电保护装置的配置方式，在较低电压等级的配电网（如 10～35kV 的电网）中或在较高电压等级的配电网（如 110kV 电网）中的非主干线（非系统主联络线），以及在大多数

用户的供电系统中，常常采用放射型的接线方式。在这种接线方式中，为了提高对用户供电的可靠性，通常采用备自投装置。

备用电源的配置一般有明备用和暗备用两种基本方式。系统正常运行时，备用电源不工作，称为明备用；系统正常运行时备用电源也投入运行的，称为暗备用。暗备用实际上是两个工作电源互为备用。

备用电源自动投入装置主要用于 110kV 以下的中、低压配电系统中，其一次接线方案主要有三种，每一种方案又可以有几种不同的运行方式，本书仅介绍每种接线方案下的其中一种典型运行方式。

（1）低压母线分段断路器自动投入方案。如图 10-3 所示，当主变压器 T1、主变压器 T2 同时运行，3QF 断开时，Ⅰ段母线和Ⅱ段母线互为暗备用电源，此方案称为分段断路器自动投入。

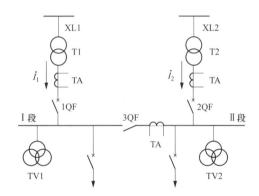

图 10-3 低压母线分段断路器自动投入方案主接线

当主变压器 T1 故障，其主保护动作 1QF 跳闸；或者主变压器 T1 高压侧失压，引起Ⅰ段母线失压，且 XL1 的电流互感器 TA 无电流，而Ⅱ段母线有电压，则断开 1QF，合上 3QF，保证Ⅰ段母线的供电。

因此，分段断路器自动投入起动条件是Ⅰ段母线失压、XL1 的电流互感器 TA 无电流、Ⅱ段母线有电压、1DL 位置确实在断开位置。

（2）线路断路器自动投入方案。如图 10-4 所示，此方案为明备用接线方案，此时分段断路器 3QF 在合位，1QF 在合位，但 2QF 在分位，进线线路 XL1 同时带Ⅰ段母线和Ⅱ段母线运行。

当Ⅰ段母线失压后，且 XL1 无电流，立刻跳开 1QF，在 XL2 线路有压的情况下，投上 2QF。因此备用电源自动投入的条件是Ⅰ段母线失压、XL1 无电流、XL2 线路有压、1QF 确实在断开位置。

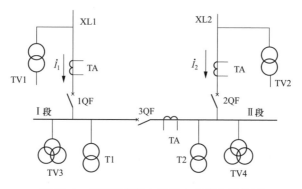

图 10-4　线路断路器自动投入方案主接线图

如果两段母线分列运行，3QF 在分位，而 1QF 和 2QF 在合位，这时 XL1 和 XL2 互为备用电源，这种暗备用方案与低压母线分段断路器自动投入方案及其运行方式完全相同。

（3）单母线线路断路器线路自动投入方案。如图 10-5 所示，此方案为明备用接线方案。与第一、二种方案的区别是没有分段断路器。在正常情况下，是一条线路供电，另一条线路备用，当母线失压后，跳开供电线路，在备用线路有压的情况下，投上备用线路。

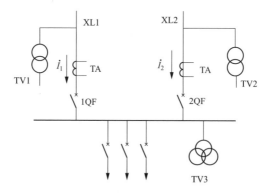

图 10-5　线路备用自动投入方案接线图

以上所述的多种方案中，备用电源自动投入具有相同特点：①工作电源确实断开后，备用电源才能投入；②备自投装置只允许动作一次；③电压互感器二次侧回路断线时，备自投装置不能误动，判断母线失压时，还必须判断进线电流无电流；④只有在备用电源电压正常、工作电源已断开的情况下，才允许投入备用电源；⑤应校验备用电源的过负荷能力，当备用电源过负荷能力超过允许的限度时，备自投装置的过负荷联切功能启动。

（二）对备自投装置的基本要求

备自投装置应满足以下基本要求：

（1）当工作母线上的电压低于预定数值，并且持续时间大于预定时间，备自投装置方可动作投入备用电源。

（2）备用电源的电压应运行于正常允许范围，或备用设备应处于正常的准备状态下，备自投装置方可动作投入备用电源。

（3）备用电源必须尽快投入，即要求装置动作时间尽量缩短。

（4）备用电源必须在断开工作电源断路器之后才能投入，否则有可能将备用电源投入到故障网络而引起故障的扩大。

（5）备用电源断路器上需装设相应的继电保护装置，并应与上、下相邻的断路器保护相配合。

（6）备自投装置动作投于永久性故障设备，应加速跳闸并只动作一次，以防备用电源多次投入到故障元件上，扩大事故，对系统造成再次冲击。

（7）当电压互感器二次侧断线时，应闭锁备自投装置，不让它动作。

（8）正常操作使工作母线停电时，应闭锁备自投装置，不让它动作。

（9）备用电源容量不足时，在投入备用电源前应先切除预先规定的负荷容量，使备用电源不至于过负荷。如果母线有较大容量的并联电容时，在工作电源的断路器断开的同时，亦应连同断开所对应的电力电容器。

（10）根据需要，备自投装置可以做成双方向互为备用方式。

三、配电自动化配置的基本要求

配电自动化以一次网架和设备为基础，综合利用计算机技术、信息及通信等技术，实现对配电网的监测与控制，并通过与相关应用系统的信息集成，实现配电系统的科学管理。其中，馈线自动化是配电自动化建设的重要组成部分。

（一）馈线自动化的概念

馈线自动化是指变电站出线到用户用电设备之间的馈电线路自动化，主要包括两方面：①正常情况下的测量控制、状态监视和运行优化是指馈电线路的故障检测、定位；②事故状态下的故障检测、故障隔离、负荷转移和恢复供电。一般而言馈线自动化主要包括架空线、电缆、架空电缆混合线路的馈线自动化。

馈线自动化是实现配电自动化的基础，是提高供电可靠性最直接也是最有效的技术手段。因此，电力企业在实施配电自动化时一般最先考虑并投入的往往也是馈线自动系统。

实现馈线自动化主要有以下意义。

1. 提高供电可靠性

(1) 降低故障发生几率。通过对配电网及其设备运行状态实时监视，改变"盲管"及时发现并消除故障隐患，减少故障的发生。

(2) 缩短故障恢复时间。由于故障点不确定、交通拥挤等因素的影响，传统依靠人力实现故障点隔离，往往导致较长的恢复供电时间，而应用馈线自动化的配电网络能够在几分钟甚至几个毫秒时间内完成故障隔离、非故障负荷段的正常供电，可以显著减少故障影响范围与停电时间，提高供电可靠性。

2. 提高电能质量

利用馈线自动化对馈线设备实时检测，可以实时监控配电线路供电电压的变化及谐波含量等，使运行人员能及时发现电能质量问题，并通过调整运行方式、调节变压器分接头档位、投切无功补偿电容组等措施改善电能质量。

(二) 馈线自动化的实现方式

馈线自动化的实现方式主要有 2 种：集中型和就地型。集中型包括全自动和半自动 2 种方式，它依赖通信通道及控制主站，投资较大，适合城市核心区和中心城区等一些负荷稳定区域配电线路；就地型包括重合器和智能分布式 2 种方式，它不依赖于通信通道，投资小，易实现，适合城镇和郊区的配电线路。

1. 集中型馈线自动化

集中型馈线自动化借助通信手段，通过配电终端和配电主站的配合，在发生故障时依靠配电主站判断故障区域，并通过自动遥控或人工方式隔离故障区域，恢复非故障区域供电。集中型馈线自动化包括半自动和全自动两种方式，其中半自动模式仅提示故障区间，由人工操作开关进行故障处理，全自动模式则自动执行故障处理步骤。

集中型馈线自动化由馈线终端单元（feeder terminal unit，FTU）、通信系统及配电自动化主站系统 3 部分构成。配电网自动化主站里安装馈线自动化软件模块，在配电网发生故障后，主站接收 FTU 上报的故障电流信息、开关状态信息，及通过调度自动化系统发来的变电站出线开关状态信息、保护动作信息、重合闸或备自投动作信息等，由馈线自动化软件根据配电网的实时拓扑结构、故障信息按照预设的逻辑算法进行操作。

集中型馈线自动化是否启动需要在变电站出线开关❶的保护动作信息、开关

---

❶ 部分地区由于能量管理系统（energy management system，EMS）信息暂无法传输至配电自动化主站，采用变电站出线开关后的第一级开关替代变电站出线开关。

变位信息均传输至配电自动化主站之后才能判断。根据网架结构的不同，集中型馈线自动化主要的故障判断模式有两种：①针对单电源点网络，由于故障电流方向确定，通常只需要根据故障电流的分布即可判断出故障点；②针对多电源环网网络，由于故障电流方向不确定，通常需要根据故障功率方向综合判断出故障点。

根据《国家电网公司"十三五"配电自动化建设实施意见》要求，大部分A＋、A、B类和部分C类供电区域，需要对配电线路关键节点进行自动化改造，实现故障区间就地定位和隔离，非故障区域可通过遥控或现场操作恢复供电。针对A＋和A类供电区域，新建和改造线路以安装"三遥"终端为主，馈线自动化以集中型方式为主；针对B、C类供电区域，架空线路馈线自动化优先采用就地重合式，电缆线路馈线自动化采用集中式。在目前的建设模式下，集中型馈线自动化成为城区及部分城郊馈线自动化的主要部署模式，在配电自动化建设应用过程中占据举足轻重的地位。

2. 就地型馈线自动化

就地型馈线自动化不依赖配电主站控制，在配电网发生故障时，通过配电终端相互通信、保护配合或时序配合，隔离故障区域，恢复非故障区域供电，并上报处理过程及结果。就地型馈线自动化一般用于实现线路短路故障的定位隔离，以及电源侧非故障区域的供电恢复，因负荷侧非故障区域转供需考虑联络线路带载能力和负荷裕度，通常不就地自动实现负荷侧非故障区域的供电恢复，可通过遥控或人工操作方式进行转供。目前主流的就地型馈线自动化有重合器式和智能分布式，它们在发展的过程中又出现了很多衍生类型。

（1）重合器式馈线自动化：重合器式馈线自动化是指发生故障时，通过线路开关间的逻辑配合，利用重合器实现线路故障定位、隔离和非故障区域恢复供电。根据不同判据又可分为电压-时间型、电压-电流-时间型以及自适应综合型。具有不依赖主站和通信、动作可靠、运维简单等优点。

1）电压-时间型：电压-时间型馈线自动化是依靠"无压分闸、来电延时合闸"的工作特性，通过变电站出线开关两次合闸来配合，实现一次合闸隔离故障区间，二次合闸恢复非故障段供电。

2）电压-电流-时间型：电压-电流-时间型馈线自动化通过在故障处理过程中记忆失压次数和过流次数，通过变电站出线开关多次重合闸来配合，实现故障区间隔离和非故障区段恢复供电。

3）自适应综合型：自适应综合型馈线自动化是通过"无压分闸、来电延时合闸"方式，结合短路/接地故障检测技术与故障路径优先处理控制策略，通过变电站出线开关两次合闸来配合，实现多分支多联络配电网架的故障定位与隔离自适应，一次合闸隔离故障区间，二次合闸恢复非故障段供电。

（2）智能分布式馈线自动化：智能分布式馈线自动化通过配电终端之间相互通信实现馈线的故障定位、隔离和非故障区域自动恢复供电的功能，并将处理过程及结果上报配电自动化主站。智能分布式馈线自动化具有不依赖主站、动作可靠、处理迅速等优点，可分为速动型分布式馈线自动化和缓动型分布式馈线自动化，详细解释可见附录中的配电自动化部分。

（三）馈线自动化的技术原则

实施馈线自动化，对一次网架结构及开关设备有一定的要求：线路要使用分段开关合理地分段；环网供电线路要有足够的备用容量支持负荷转供；选用的配电一次开关设备要具备电动操作机构并且具备必要的电压、电流互感器或传感器等。另外，在工程实践中实施馈线自动化还需要注意以下原则：

（1）馈线自动化的选型需要综合考虑供电可靠性要求、网架结构、一次设备、保护配置、通信条件，以满足未来中长期区域规划的运行维护合理需求。

（2）针对存量线路，电缆线路选择关键的开关站、环网箱进行改造，杜绝片面追求"全改造"造成的一次设备大拆大建；架空线路以更换/新增"三遥"或"二遥"成套化开关为主，实现架空线路多分段。

（3）对于新建配电线路和开关等设备，结合配电网建设改造项目同步实施，对于电缆线路中新安装的开关站、环网箱等配电设备，按照"三遥"标准同步配置终端设备；对于架空线路，根据线路所处区域的终端和通信建设模式，选择"三遥"或"二遥"终端设备，确保一步到位，避免重复建设。

（4）为提高接地故障检测及定位效率，对于架空线路，可在部分主干线、分支线增加具备单相接地故障检测能力的远传型故障指示器。

（5）推广应用一、二次成套化配电设备，配电一次设备与自动化终端采用成套化设计制造，采用标准化接口和一体化设计，配电终端具备可互换性，便于现场运维检修。

（6）充分考虑馈线自动化改造与变电站出线开关重合闸次数、保护时限的配合关系，为发挥馈线自动化的功效，争取更有利的保护定值与时限级差配合条件。

关于分布式电源接入配电网后对保护配置的要求，可以参见第六章第三节或者相关的国标和企标，在此就不再赘述。

第三节　钻石型城市配电网继电保护及自动装置配置方案

一、主干网继电保护及自动装置配置方案

基于第六章第三节及第十章第二节中关于钻石型城市配电网继电保护及自动装置配置的基本要求，本节提出了三种适用于钻石型城市配电网主干网的保护方案。方案 1 为"电流保护逐级配合＋人工转移负荷"方案，方案 2 为"全纵差＋备自投"方案，方案 3 为分布式自愈保护控制方案。

（一）方案 1：电流保护逐级配合＋人工转移负荷

在钻石型城市配电网接线中，如果运行方式安排能够使正常运行方式下预设的开环点相对固定不变化，则开环点两侧可以视作 2 个独立的单侧电源配电网（变电站供开关站单环网）。

当开关站节点数量较少（变电站与开环点之间 2 个以下），可采用电流保护逐级配合和人工转移负荷的方案。

开关站进线：以定时限过流保护作为主保护，同时作为相邻开关站线路的远后备保护。Ⅰ段用于缩短切除严重故障的时间，定值和动作延时可与下级线路过流定时限Ⅰ段配合。Ⅱ段躲过本线路允许的最大负荷电流，并校验相邻开关站 10kV 母线故障有足够灵敏度，定值和动作延时可与下级线路过流定时限Ⅱ段或反时限配合。

开关站供环网站或终端线路：以定时限过流保护作为过流保护，缩短严重故障切除时间，同时作为下级配电变压器的远后备保护。用于缩短切除严重故障的时间，定值躲过配电变压器低压侧短路电流及本线路允许的最大负荷电流，动作延时可整定为 0.3s，以躲过配电变压器熔断器熔断时间。

分段备自投：与所连接母线上线路后备保护动作时间配合，上、下级备自投动作时间配合。为防止备自投合于故障导致事故扩大，配置了电压闭锁过流和零序过流后加速保护，该保护无需配合。备自投动作时间应大于所连接母线上电源线路的后备保护动作时间；备用电源自切时间按由下至上的原则逐级配合，上级动作时间大于下级动作时间，末级装置备自投动作时间一般不宜大于 6s；部分站点的备自投考虑到变电站母线失压下级站。

本方案在不额外增加继电保护和安全自动装置复杂性的前提下，采用人工操作转移负荷的方法来发挥双环网主干网多侧电源结构的优势，充分利用了该结构具备的负荷转移能力。电源变电站和 10kV 开关站均具备"三遥"功能，所有的

遥测、遥信量及保护信息均通过变电站综合自动化系统或开关站数据传输设备（data terminal unit，DTU）上传至调度主站或配电主站。因此调度员能够全面及时的掌握配电网的运行状态。

当故障发生时，相应的继电保护动作切除故障。如果造成开关站母线失压，相应的开关站分段备自投动作。如果备自投动作失败或发生第二次故障，仍然存在失压的开关站母线。调度员根据收到的开关变位、事件顺序记录（sequence of event，SOE）以及保护信息确定故障点的位置，进行故障区判断，通过遥控相应断路器进行故障隔离。按照事故处理预案并结合当时潮流情况，选择最优的非故障区恢复供电的方式，完成负荷转移。调度员可以通过遥测信息监视操作后的潮流分布情况。因为有人的干预，通常能够避免转移后出现局部网络过载的现象。

因为人工完成故障识别、故障定位和故障区隔离，非故障区恢复供电等过程时间较长，特别是部分备自投未能投入或动作不成功时，主干网 N-1 故障造成故障点负荷侧开关站母线失压的时间较长。一次人工事故处理的时间从 15min 到 1h 不等，且易受到故障情况和调度员经验水平的影响。

（二）方案 2：全纵差＋备自投

与方案 1 相类似，在正常运行方式下，开环点两侧可以视作两个独立的单侧电源配电网（变电站供开关站单环网）。与方案 1 相比，如果其中一个独立的单环网不能实现过流和零流保护的逐级配合时，例如因开关站节点数量较多的情况（变电站与开环点之间两个以上），则只能放弃现状继电保护和安全自动装置的配置方案。

为了改善线路保护的选择性和速动性，主干网线路配置纵差保护，包含相电流和零序电流差动元件，以取代现有过流和零流保护作为线路主保护的功能。

备自投的无压动作延时也可以不必逐级配合，可以采用相同的定值，只需要比变电站分段备自投延时长即可，以避免变电站一段母线失压引起大量开关站分段备自投的不必要动作。虽然各开关站备自投均会动作，但至少能使得故障点电源侧的开关站备自投动作成功，缩小故障引起的长时间停电范围。

正常运行方式的开环点调整，各个保护和备自投定值不受到影响。

在不考虑网络重构引起的过载时，本方案对正常运行时的 N-1 故障可以做到所有开关站母线不长时间失压，短暂失压时间为备自投合闸时间，按整定技术原则为不大于 6s。因为开关站备自投使用相同延时，实际值为比变电站增加一个时间级差 0.3s 或 0.5s。

"全纵差＋备自投"方案虽然能保证 N-1 故障下不失压，但是失压母线的负荷全部转移至开关站的另一端母线，因此非故障环网线路的负载率可能会急剧增大，可能引起局部过载，运行中需要加强监视。

（三）方案 3：全纵差＋自愈（分布式自愈保护控制）

本方案主干线保护方案与方案 2 相同，主干网线路全线配置纵差保护，包含相电流和零序电流差动元件，以取代现有过流和零流保护作为线路主保护的功能。

除了变电站出线断路器外，主干网上不再设置过流或零流保护。过流或零流保护的配合层级仅有 2 级，即变电站出线断路器为上级，开关站供次干网线路的断路器为下级。相同或不同的开关站供次干网线路的断路器上所设置的过流或零流保护均属于同级，在能够与次干网内的熔断器取得配合的前提下，采用最短的跳闸延时。

采用自愈系统替代备自投装置。以双环网为单元设置独立于配电主站的自愈系统，借鉴智能分布式馈线自动化的思路，在故障发生时分析故障的特征并搜集有关继电保护的数据，等待系统继电保护动作完成故障切除后，在双环网的每个环网中执行馈线自动化故障处理逻辑。在环网馈线自动化故障处理失败后，再由开关站的分段备自投进行弥补。

开关站备自投与主干网自愈功能的配合通过闭锁逻辑来实现。备自投动作时间大于变电站动作时间（用于自愈功能放电时，自愈充电时受到闭锁）。

（四）三种方案对比

本节从继电保护性能、安全自动装置性能两个方面对主干网继电保护及自动装置配置的三种方案（电流保护逐级配合＋人工转移负荷、全纵差＋备自投、全纵差＋自愈）进行对比，结合钻石型城市配电网的适用性，给出了相应的推荐方案。

1. 继电保护性能对比

按照国标《电力装置的继电保护和自动装置设计规范》（GB/T 50062—2008）对继电保护（不包括安全自动装置）性能的要求，对三种方案进行对比如下。

（1）可靠性：可靠性指保护该动作时应动作，不该动作时不动作。保护的可靠性是由继电保护装置的合理配置、本身的技术性能和质量及正常的运行维护来保证的。因此，在可能的情况下宜选用性能满足要求、原理尽可能简单的保护方案。

对继电保护而言，方案 1 与现状继电保护配置相同，方案 2 与方案 3 在所有的主干线路均增设了纵差保护（包含相电流差动和零序差动元件），扩大了线路纵差保护的应用范围，同时取消了零序过流保护的中间层级。相对而言，线路纵差保护的原理不如过流或零流保护的原理简单。①对通信可靠性（包括通信设备、通信线路的可靠性）有依赖。②纵差保护的运行需要线路两侧的保护装置进行配合，因此任何一侧设备异常均会导致保护功能失效，这一点使得纵差保护的平均故障率高于单个线路保护设备的平均故障率。③差动电流互感器的保护特性对保护性能有一定影响。当线路两侧电流互感器特性不一致时，区外故障引起的电流互感器饱和会带来误动的风险。④运行维护方面线路纵差保护也相对复杂。

因此，从可靠性的角度评价，方案1＞方案2＝方案3。

（2）选择性：选择性是指首先由故障设备或线路本身的保护切除故障，当保护或断路器拒动时才允许相邻设备保护或失灵保护切除故障。在保护可靠动作时，差动原理的保护具有绝对的选择性。

方案3在主干网线路中均设置了纵差保护，对主干线路故障具有绝对选择性。过流或零流保护配合层级简单，仅有变电站出线与开关站次干网出线两级，在动作延时上能保证足够的时间级差，因此能够确保上下级保护的选择性。

因此，从选择性的角度评价，方案1＜方案2＝方案3。

（3）灵敏性：灵敏性是指在设备被保护范围内发生故障时，保护装置具有正确动作能力的裕度。

方案1和方案2中，变电站主干网出线处的过流或零流保护为了取得和下一级保护间的配合，无法整定为较低的定值；当线路较长时，末端故障的灵敏度较低。相对而言，方案3在主干网线路中均设置了纵差保护，差动原理的保护定值不会受到保护间配合的影响，可以采用较低的定值，对区内故障的灵敏度很高。

因此，从灵敏性的角度评价，方案1＝方案2＜方案3。

（4）速动性：速动性是指保护装置能够尽快地切除故障的能力。

纵差保护的动作延时不受保护配合的影响，采用不经延时的方式动作，切除区内故障的时间最短。过流和零流保护都因为与下级保护配合的原因设置延时。即使在次干网的过流和零流保护，当采用定时限时，也设置了0.3s的延时与下级的熔断器配合。方案3受益于主干线全部设置纵差，因此有较好的速动性。

因此，从速动性的角度评价，方案1＝方案2＜方案3。

2. 安全自动装置性能对比

安全自动装置主要指变电站和开关站中的分段备自投以及主干网双环网中的故障处理系统。

（1）安全自动装置的可靠性。

方案 1 和方案 2 的备自投逻辑略有区别，但均在就地利用独立的备自投装置实现。方案 3 采用能与自愈系统配合的逻辑，在自愈系统的开关站母线终端内实现。三个方案中的备自投均不依赖于站间通信。在自愈系统闭锁或停用时，方案 3 的备自投逻辑可以独立运行。因此，三个方案的备自投功能的可靠性相当。

方案 1 和方案 2 的双环网故障处理过程高度依赖于主干网各个节点与配电主站的通信连接，故障处理需要通过主站完成。方案 1 在主站通过人工处理，方案 2 在主站由配电自动化馈线自动化功能辅助处理。方案 3 利用独立的、具有高可靠性和低延时的通信网络与协议实现站间信息交互，故障处理逻辑以双环网为单元独立设置，不受配电主站影响。

正常运行方式下的 N-1 故障时，三个方案都可以做到开关站母线不失压，但是重构网络的方式不一样。方案 3 中因为自愈系统和备自投之间有闭锁关系，故障切除后，自愈系统先于开关站备自投动作，失压母线的负荷首先会转移到开环点另一侧的电源变电站。在自愈动作失败或 N-2 故障时，开关站备自投才动作，这样的动作顺序能充分发挥钻石型城市配电网网架结构的优势。

因此，从安全自动装置的可靠性方面分析，方案 1＜方案 2＜方案 3。

（2）安全自动装置的灵活性。

方案 1 要求运行方式安排能够使正常运行方式下预设的开环点相对固定不变化，且能够实现电流保护的逐级配合，因此主干网开关站节点的数量不能太多。这就限制了它的使用条件。开环点位置的变化可能引起二次回路改动和整定值的变化。

方案 2 与方案 3 都没有以上的要求，对双环网节点的数量和开环点的设置适应性都很好。方案 2 和方案 3 中的开关站备自投跳闸逻辑都会主动跳开同一母线上的 2 个主干网断路器，能够适应双环网运行中的各种方式，无需考虑开关站之间备自投的时间配合，仅考虑与变电站备自投的时间配合。方案 3 中，开关站备自投退出运行，环网的自愈功能不受影响，因此在开关站分段检修时，仍然可以具有快速恢复供电能力。

因此，从安全自动装置的灵活性方面分析，方案 1＜方案 2＝方案 3。

（3）故障处理方案的自动化程度。

主干网故障切除后，方案 1 采用人工操作进行负荷转移，方案 2 的馈线自动化逻辑受到通信延时条件约束，均无法与开关站的分段备自投实现配合。为尽可能减少停电造成的负荷损失，方案 1 和方案 2 中的开关站备自投均会以失压启动或跳位启动的方式动作，延时较短（不大于 6s）。方案 1 和方案 2 的后续故障处理均以备自投动作完成后的运行状态为起点进行，需要人工干预（方案 2 为人工确认）。

方案 3 可以实现的自愈逻辑和备自投之间的配合。在主干网故障切除后，方案 3 通过环网的自愈逻辑进行故障隔离和非故障区恢复供电。如果恢复失败或遭遇 N-2 故障时，开关站分段备自投动作。这一过程无需人工干预。

因此，从故障处理方案的自动化程度分析，方案 1＜方案 2＜方案 3。

（4）恢复非故障区供电需要的平均时间。

方案 3 中主干网双环网自愈或备自投完成非故障区恢复供电的时间较短，典型值为不超过 10s（按照备自投动作时间不长于 6s 考虑），自愈不受主站的影响，投运率较高。

方案 1 和方案 2 中，开关站备自投如果能全部投入运行且故障后动作正确，对正常运行方式下的主干网 N-1 故障而言，恢复非故障区供电的时间与方案 3 基本相同。当部分开关站备自投不能投入运行或动作不成功需要通过环网进行负荷转移（如变电站检修方式下 10kV 分段备自投退出运行母线失压）时，方案 1 和方案 2 所需时间包括主站与终端之间的通信延时（包括纵向加密认证过程）以及主站进行故障处理所需的时间，因此方案 1 与方案 2 的通信延时相同，均为 1min 以上。主站故障处理时间在方案 1 中为 15min～1h，方案 2 由于有主站馈线自动化功能的辅助，可以缩短至 5min 以内。

因此，从恢复非故障区供电需要的平均时间分析，方案 1＞方案 2＞方案 3。

3.方案推荐

综上，方案 1、方案 2、方案 3 均能满足开关站双环网的保护和自动化需求，优缺点对比如表 10-1 所示。可以看出方案 3 在性能上具有明显优势，在变电站检修方式下仍然能够通过环网快速转移负荷，不降低供电可靠性，但实施难度和成本相对较大。方案 1 的实施难度和成本相对较低，但是适用场景有局限性，只能在节点数量少，开环点相对固定双环网中。方案 2 则介于方案 1 和方案 3 之间。

由于钻石型城市配电网适用于可靠性要求高、对停电时间要求短的城市核心区域，开关站节点可能大于 4 个，且为了充分利用钻石型网架实现实时的网络重构优化潮流，推荐采用方案 3，即"全纵差＋自愈"的方案。

表 10-1　　　　　主干网继电保护及自动装置配置方案优缺点对比

方案	优势	缺点
方案1（电流保护逐级配合＋人工转移负荷）	1）投资少。 2）不配置纵差，保护简单，对光纤通道要求低	1）运行方式不能灵活调节，开环点调整需要调整保护定值，不能运行中实时调整开环点。 2）变电站与开环点之间节点数量不超过2个。 3）若通过开环点进行负荷转移需要人工操作（"三遥""二遥"或者手动）
方案2（全纵差＋备自投）	1）运行方式可以灵活调节，变电站与开环点之间的节点数量可调整。 2）投资较方案3低	1）需要调整现有备自投逻辑，二次回路接线要将每段母线上2个主干网线路断路器有关信号和跳闸回路接入。 2）变电站与开环点之间节点数量较多的一侧开关站母线全部失压时，易造成变电站出线过载。 3）故障后恢复正常运行方式操作步骤较多。 4）纵差保护对电流互感器饱和特性要求较高
方案3（全纵差＋自愈）	1）运行方式可以灵活调节，变电站与开环点之间的节点数量可调整。 2）故障后恢复正常运行方式操作简单。 3）若通过开环点进行负荷转移时间短。 4）主变压器检修方式"N-1"、主干线路"N-2"时可秒级恢复	1）投资最高。 2）当主干线自愈联调时，所有开关站分段合上，备自投退出运行，如此时叠加故障，只能通过环网开关人工操作恢复供电。调试工作量大，时间长。 3）运行人员对自愈系统不熟悉。 4）纵差保护对电流互感器饱和特性要求较高

二、次干网配电自动化配置方案

钻石型城市配电网次干网中仅在线路首端设置继电保护，无下级继电保护，只考虑与下级熔断器之间的配合，因此可继续使用现在的保护配置和整定方案。次干网除线路首端断路器外其他部分只设置配电自动化馈线自动化功能。

配电网发生故障导致次干网配电站失压有2种情况，一种是故障点位于次干网内，一种是故障点位于主干网或更上级电网。区分这两种情况的简单判据为次干网首端设置的继电保护是否动作。对于第一种类情况，次干网馈线自动化动作可以完成故障隔离和非故障区恢复供电，对于第二种情况，无论次干网采用集中式或智能分布式馈线自动化，都存在与主干网自动装置配合的问题。

主干网继电保护和自动装置的配置方案3中主干网双环网自愈完成非故障区恢复供电的时间较短，最大为不超过10s，自愈系统不受主站的影响，投运率较高。但是次干网FA完成故障处理逻辑的时间则相对较长，其中智能分布式馈线自动化为15s～1min之间；而集中式FA，由于通信延时，主站FA逻辑判断的信息输入可能有数分钟的滞后。因此，在主站收到故障信息的时候，主干网可能已经发生重构，失压部分的网络也可能重新恢复供电。此时次干网馈线自动化动

作不仅无必要，甚至还会引起负荷不均衡，增加局部过载的概率。

考虑到以上原因，当可以确认故障点位于次干网之外时，建议次干网馈线自动化不动作，或者选择较长的动作延时，以躲过主干网的网络重构，如当主干网采用方案 1 或方案 2，可以选择较长延时，如采用"实测通信延时"加上 15～30s；而当主干网采用方案 3 时，则可以选择较短延时，如 15～30s。

三、分布式电源接入对继电保护与自动装置配置的影响和要求

分布式电源广泛接入配电网是智能电网的核心特征之一。大量分布式电源的接入对传统配电网的拓扑结构、运行规程、控制方式和保护配置等都提出了很大的挑战。其中，配电网的继电保护和自动装置是保证其安全、稳定和可靠运行的重要设备，不可避免地要受到分布式电源接入的影响。

（一）分布式电源接入对网侧保护和自动装置的影响

分布式电源接入对网侧的线路保护、母线保护以及备自投/自愈的影响如下：

1. 线路保护

在开关站有分布式电源接入出线上时，如果在出线断路器的系统侧或开关站的其他线路上发生故障，则该断路器上会流过由分布式电源提供的短路电流。此时不经过方向元件闭锁的过流保护有误动作的可能。

2. 母线保护

当变电站（或开关站）母线故障时，现有的主变压器后备（或变电站线路后备）保护均能可靠切除系统提供的短路电流；分布式电源侧的继电保护也能切除其提供的短路电流（或由变流器逆止）。接入钻石型城市配电网的分布式电源，不承担支撑电网稳定的任务，对其在故障切除后是否失稳不做要求。因此，对故障的切除时间，无系统稳定原因导致的快速切除要求。

3. 备自投/自愈

在目前的 110（35）kV 变电站内，分段备自投的合闸条件只包含充电状态和电源断路器❶分位，无需等待跳开工作电源的逻辑结束，目的是缩短备自投恢复失压母线电压的时间。在地区电源相对集中，并全部采用专线接入变电站母线时，采用断路器位置确认母线失压是一种有效的方法。

但是在钻石型城市配电网中，分布式电源的接入比较分散，可能通过主干网开关站或是次干网配电站接入。主变压器保护动作跳开 10kV 侧断路器时仅联跳同一母线上的并联电容器，并不联跳所有包含电源的线路。而在目前的备自投合

---

❶ 主变压器 10kV 断路器和同一母线上的指定分布式电源线路。

闸逻辑中，将在无法有效确认母线失压的情况下合上分段断路器，可能导致非同期合闸，对分布式电源造成冲击，同时也降低了备自投合闸的成功率。

（二）分布式电源入网的基本要求

分布式电源接入以 10kV 为主的钻石型城市配电网时，为了与钻石型城市配电网的保护相配合，分布式电源在接入电网前应检查有关的继电保护配置是否满足以下要求：

（1）分布式电源的元件保护❶、联络线保护、安全稳定控制装置（例如解列装置）及同期并网装置都设于分布式电源处，由分布式电源用户建设并通过电网验收。

（2）分布式电源的电源联络线应配置（方向）过流保护，当用电负荷容量大于分布式电源装机容量时，方向元件应投入，对于联络线较短或因接入配电网的分布式电源容量较大导致继电保护不满足"四性"要求时，可增配纵联差动电流保护。

（3）当分布式电源容量在钻石型城市配电网所占比例较低时，对分布式电源的故障穿越能力暂时不作要求。

（4）变流器类型的分布式电源，其变流器应设置过载保护。

（5）对于变流器类型的分布式电源，必须具备快速检测孤岛且监测到孤岛后立即关断变流器或断开预先指定的开关电器的能力，以保证人身和设备的安全。

（三）分布式电源接入时钻石型城市配电网保护及自动装置配置

1. 线路保护

（1）在有分布式电源接入的开关站出线，通常应按照双侧电源电网的要求设置线路保护，宜配置（方向）过流保护，考虑到分布式电源的容量较小，提供的短路电流远小于系统提供短路电流，方向元件通常可以不投入；对于短线路或因接入配电网的分布式电源容量较大导致继电保护不满足"四性"要求时，可增配纵联差动电流保护。

（2）对于变流器类型分布式电源，如果电网中任一点短路时，变流器提供的短路电流流过任何设备时均不导致设备过载，可以按照单侧电源电网的要求设置线路保护。

2. 母线保护

如无稳定要求，开关站母线可以不配置母线保护。

---

❶ 发电机，升压或隔离变压器，母线等。

3. 防孤岛保护

旋转电机（同步电机、感应电机）类型分布式电源，无需专门设置防孤岛保护。

4. 解列装置

（1）在有分布式电源接入的开关站母线处，应按母线配置故障解列装置。故障解列装置测量元件通常以电网故障电气量❶作为判据，其动作定值要保证预定的解列范围有足够的灵敏度。同时，应能够躲过常见运行方式下的正常电气量和不平衡电气量。

（2）变电站或开关站设置的低周低压减载装置独立于故障解列装置，用于系统侧的频率和电压稳定控制。区别于故障解列，低周低压减载装置应经滑差闭锁。

（3）当系统电源由于电源侧故障断开后，将形成局部的孤立系统。该系统如果能够自平衡，故障解列装置未动作，则由调度机构决定是否解列。如该系统失稳，则故障解列动作，切除分布式电源联络线，开关站或变电站母线失压。此时可以满足备自投或自愈系统的无压条件。

5. 备自投/自愈装置

如前文所述，当分布式电源接入钻石型城市配电网后，目前的备自投合闸逻辑中，将在无法有效确认母线失压的情况下合上分段断路器，可能导致非同期合闸，对分布式电源造成冲击，同时也降低了备自投合闸的成功率。因此，为提高动作成功率，并防止发生非同期合闸，应采取如下措施：

（1）建议增加直接对母线电压测量获取的判据，保证设备的安全，提高动作成功率。对于其中的失压跳闸逻辑相关的电压定值与时间定值，应该特别注意与母线上故障解列装置的配合，要考虑在失去系统电源支持后，无法自平衡的孤立电网应首先通过故障解列装置切除有关的分布式电源联络线。变电站备自投的合闸逻辑中，对母线无压的确认，除了有关断路器的分位以外，建议增加直接对母线电压测量获取的判据，保证设备安全，提高动作成功率。

（2）在主干网开关站内，当存在分布式电源线路接入时，考虑故障后由于小电源支撑电压不满足自愈、分段备自投无压判断等情况，增加联切分布式电源功能。根据电源线路接入的情况，可对开关站联切参数进行整定。当开关站没有电源线路接入时，该参数整定为 0，联切小电源功能不会切除任何线路；当有分布式电源线路被定义时，按位整定该定值，当联切小电源动作后，切除定义为小电

---

❶ 故障时的过电流、低电压、零序电压、零序电流等。

源的线路。

（3）在自愈装置的改进方面，由于在自愈功能中，联切的对象是故障点和开环点之间的开关站中定义为分布式电源的线路，因此当自愈功能退出时，自愈联切分布式电源功能也同时退出。

考虑到分布式电源接入后对继电保护和安全自动装置的改造工作对钻石型主干网运行的影响，在采用主干网双环网自愈系统时，尽可能将有关功能进行集成，便于分布式电源随时接入。

第四节　钻石型城市配电网自动装置逻辑

除了合理的继电保护配置外，性能优良、功能完善的安全自动装置在快速隔离故障、缩短停电时间、提高供电可靠性、促进配电自动化方面有着重要的作用。本节主要分析了主干网分布式自愈系统、次干网馈线自动化故障处理逻辑。

一、主干网分布式自愈系统逻辑

分布式自愈系统的主要逻辑是自愈逻辑与分段备自投逻辑的组合。当双环网接线回路发生故障时，自愈系统能够根据实时获取的区域电网全景信息进行自动识别判断，完成故障定位、故障隔离和非故障区恢复供电。同时，自愈系统通过信息交互能够与开关站备自投实现相互配合。

主干网分布式自愈系统有以下特点：

（1）根据双环网接线模式变电站系统的正常运行方式，自动识别处于开环点的开关。

（2）以开环点的开关为基本点，设置对应于该种运行方式下发生不同故障时的自愈系统动作逻辑。随着正常运行方式的变化，若开环点不同，相应的自愈系统动作逻辑能够自动调整。

（3）在正常运行方式下，若主干网的某处发生故障时，自愈系统完成故障定位、故障隔离，在确认故障隔离后，合上双环网回路原处于开环点的断路器，由另一侧电源恢复所有失电站的供电。

（4）当发生故障导致开关站一段母线失电时，首先实现环网内的开环点开关自愈，若自愈不成功，再实现开关站的就地分段自投功能。

（5）自愈系统的动作时间应躲过保护动作时间、变电站 10kV 备自投动作时间加上断路器动作时间。

（6）开关站 10kV 分段备自投功能集成在自愈系统终端内，自愈功能退出或

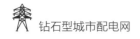

闭锁后，分段备自投功能可以继续独立运行。

主干网分布式自愈系统无论采用哪一种架构，都必须包含故障隔离、自愈和分段备自投功能。

（一）故障隔离功能

故障隔离功能动作前提是自愈系统充电，并且满足无压无流（即故障由系统继电保护切除后）才允许动作。故障隔离功能主要实现线路的隔离、母线或分支线故障隔离、断路器失灵隔离和无压跳闸功能。

1. 线路的隔离

如图 10-6 所示，假如在主干网线路的 a 点发生故障。a 点故障后，自愈系统对故障的定位和隔离有以下方法。

（1）差动开入保护：在自愈充电前提下，E 站在收到 A2～E1 线路差动保护开入的动作信号后，检测左侧母线无压且进线无流，经"自愈跳闸时间"后动作，跟跳 E1 断路器，确保故障被隔离。

（2）网络拓扑保护：依据同一条线路区段两侧开关的过流（或零序过流）及方向标志的组合信号，判断线路区段内故障并跳闸，组合信号通过通用对象变电站事件（generic object oriented substation event，GOOSE）传递。网络拓扑保护分为网络过流保护和网络零序过流保护两种，具体保护逻辑如图 10-7 和图 10-8 所示。网络零序过流保护通过电流互感器断线闭锁防误动（含快速电流互感器断线判据），若本侧网络拓扑保护闭锁，则同时闭锁对侧。

当自愈充电时，且未收到该进线的差动开入保护动作信号，当网络拓扑保护信号置 1 后，母线无压且进线无流后，经"自愈跳闸时间"后动作，跟跳 E1 断路器。

（3）线路差动保护：自愈系统利用 SV 交换线路两侧的电流采样值，组成线路差动保护元件，该元件仅用于故障定位，满足自愈跳闸条件后，根据故障定位结果对故障区域进行故障隔离。经"自愈跳闸时间"后动作，跟跳 E1 断路器，确保故障被隔离。

2. 母线或分支线故障隔离

如图 10-6 所示，假如在主干网线路的 b 点或 c 点（开关站母线或分支线故障）发生故障，自愈系统对故障的定位和隔离有以下方法。

（1）网络拓扑保护：在自愈充电的条件下，若 E 站 I 段母线上发生故障，或次干网线故障但开关拒跳，网络拓扑保护判断故障点位于本开关站范围内，满足无压无流后经"自愈跳闸时间"动作，跳 E1、E2、E3 断路器，并进行远跳对侧开关判断。

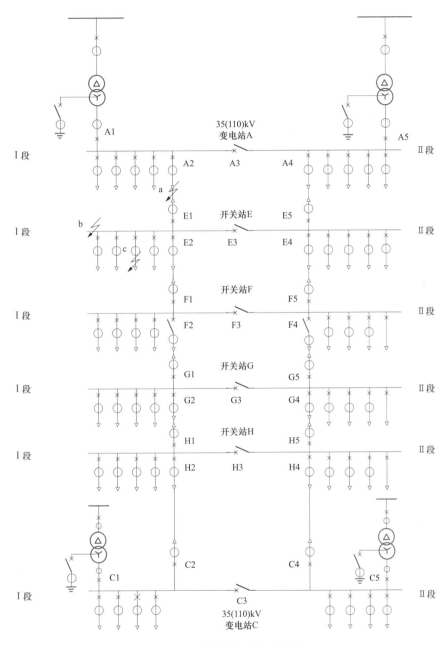

图 10-6　故障隔离功能示意图

（2）简易母差保护：采用简易差流值作为判据，当简易差流值大于定值时判

定为本段母线或本母线次干网出线上存在故障。简易差流值计算公式如式（10-1）所示。

$$I_{JYCD\Phi} = |\dot{I}_{1\Phi} + \dot{I}_{2\Phi}|\qquad(10\text{-}1)$$

式中：$\dot{I}_{1\Phi}$ 为主干线 1 的电流矢量；$\dot{I}_{2\Phi}$ 为主干线 2 的电流矢量。

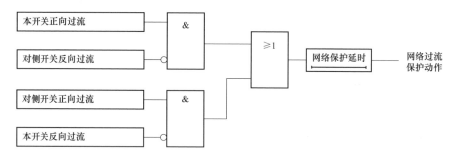

图 10-7　线路相间故障时的网络过流保护逻辑

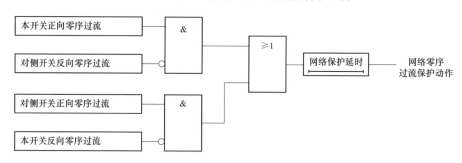

图 10-8　线路单相接地故障时的网络零序过流保护逻辑

当系统正常运行或发生区外故障时，$I_{JYCD\Phi}$ 中相电流差流理论值为该段母线上的负荷电流，$I_{JYCD\Phi}$ 中零序电流差流理论值为 0。当在本段母线或本母线支路上发生故障时，$I_{JYCD\Phi}$ 等于流进该段母线的故障电流。

（3）开关失灵隔离：如图 10-6 所示，假如主干网线路的开关（E1 或 E2）失灵，在自愈充电时，若保护元件❶动作跳闸后，收到开关拒跳告警，则立刻发出跳 E1、E2 及 E3 的信号，并进行远跳对侧开关判断。

（4）无压跳闸功能：在自愈充电时，投入无压跳闸功能之前，开关在合位、母线从有压状态，转变为进线无流、母线无压状态，经延时，本开关跳闸，保证只动作一次。主干网上变电站对侧开关，如图 10-6 中 E1 可选择投入此功能。主

---

❶ 除失灵保护、远跳保护之外的其他保护。

干路径上的其他开关不需要此功能。

（二）偷跳功能

定义图 10-6 中沿 A2 至 C2 方向环进环出的主干线路的开关，依次为各开关站的间隔 1、间隔 2 开关，各开关站的分段开关定义为间隔 3 开关。例如 A2 开关定义为 A 站间隔 2 开关，C2 开关定义为 C 站间隔 1 开关。

所有的间隔 1、间隔 2 配置偷跳功能。例如，当间隔 1 没有保护动作和手动跳闸的情况下，开关 1 分位由 0 变 1，判为间隔 1 偷跳，发送间隔 1 开关偷跳信号。在自愈充电时，间隔 1 开关偷跳信号置 1 后，在本开关站母线无压或间隔 1 对侧母线无压任一个条件满足时，经自愈跳闸时间，发送自愈启动信号。间隔 2 偷跳功能与间隔 1 类似。

（三）远跳功能

当母线保护动作时，远跳间隔 1、间隔 2 对侧开关。当失灵保护动作，或是母线故障或分支线失灵保护动作时，若间隔 1 开关为合位，则远跳间隔 1 对侧开关；若间隔 1 开关为分位时，则不远跳间隔 1 对侧开关。间隔 2 在该情况下的逻辑同间隔 1。被远跳的开关不启动失灵保护。

（四）自愈功能

分布式架构的自愈系统逻辑由各开关站安装的分布式自愈装置配合实现，各个装置功能完全一致。主/从式架构的自愈系统逻辑由自愈主机实现，各个终端完成模拟量和开关量的采集上送。

为叙述方便，以图 10-6 中左侧 A2~C2 环网为例，描述开关站环网分布式自愈逻辑。下文涉及的上、下游概念，以图 10-6 中 F 开关站Ⅰ段母线为例，A2-E1-E2-F1 为回路上游，F2-G1-G2-H1-H2-C2 为回路下游。其余开关站判断逻辑类似。自愈中电压有压、无压按线电压判断。自愈充电时间可默认整定为 10s，自愈合闸时间默认为 100ms，均可经辅助参数整定。

下述为开环点所在母线分布式自愈装置逻辑，开环点开关位于开关站母线上游侧或下游侧时，只影响上下游的方向判断，但本质相同。以开环点位于母线下游侧举例说明。

1. 自愈充电条件

同时满足以下条件，经自愈充电时间后充电完成。

（1）本开关站母线三相有压；

（2）本开关站间隔 1 开关在合位；

（3）本开关站间隔 2 开关在分位；

（4）下游相邻开关站母线三相有压；

（5）其余主干线开关都在合位。

2. 放电逻辑

满足以下任意一条则放电。

（1）本开关站、下游相邻开关站母线均不满足有压条件（当最大线电压小于有压定值，经延时 15s 判为不满足有压）；

（2）本开关站、下游相邻开关站母线任意一侧判为不满足有压后，经历 20s 延时；

（3）本开关站母线保护动作；

（4）本开关站失灵保护动作；

（5）本开关站间隔 2 保护动作，包含开关 2 保护动作开入为 1，网络拓扑保护动作或远跳；

（6）本开关站间隔 2 开关合位经 200ms；

（7）发自愈合闸命令后经 200ms；

（8）下游相邻开关站间隔 1 分位；

（9）下游相邻开关站母线保护动作；

（10）下游相邻开关站失灵保护动作；

（11）下游相邻开关站间隔 1 保护动作，包含开关 1 保护动作开入为 1，网络拓扑保护动作或远跳；

（12）串供回路上间隔 1、间隔 2 开关任意一个位置继电器异常；

（13）串供回路上间隔 1、间隔 2 开关任意一个电流互感器断线；

（14）串供回路上间隔 1、间隔 2 开关任意一个检修；

（15）串供回路上除开环点开关外的间隔 1、间隔 2 开关任意一个手动跳闸；

（16）串供回路上任意一个开关站接收 GOOSE 异常；

（17）首端变电站或尾端变电站发送闭锁自愈信号；

（18）串供回路上任意一个开关站或变电站侧的母线电压互感器三相断线告警；

（19）串供回路上任意一个开关站的自愈整定控制字、功能硬压板或功能软压板任意一个退出。

3. 动作逻辑

（1）上游失电：当充电完成后，收到上游自愈启动信号（确认故障隔离完成），本开关站母线三相无压，本开关站间隔 1 无流，下游相邻开关站母线最大线电压有压，自愈起动，经自愈合闸时间后合间隔 2。

（2）下游失电：当充电完成后，收到下游自愈启动信号（确认故障隔离完成），下游相邻开关站母线三相无压，本开关站母线最大线电压有压，自愈起动，经自愈合闸时间后合间隔 2。

（五）自愈分段备自投功能

定义分段开关始终为各开关站的间隔 3 开关，自愈系统中配置的分段备自投功能逻辑如下：分段备自投不判定另一环网信息，除接收本母线所在环网自愈充电标记用于动作逻辑，本环网手动跳闸、变电站侧闭锁信号用于放电逻辑外，其他信息全部就地采集。分段备自投充电时间默认为 10s，分段备自投合闸时间默认为 100ms，均可经辅助参数整定。

1. 充电逻辑

同时满足以下条件，经分段备自投充电时间后充电完成。

（1）本开关站母线三相有压；

（2）另一段母线三相有压；

（3）本开关站间隔 1、间隔 2 开关有一个非检修且为合位；

（4）分段开关在分位。

2. 放电逻辑

满足以下任意一条则放电。

（1）另一段母线不满足有压条件（最大线电压小于有压定值），经延时 15s 后放电；

（2）本开关站母线保护动作，或失灵保护动作；

（3）分段开关在合位；

（4）分段备自投已发出合闸命令；

（5）分段开关检修；

（6）本开关站间隔 1、间隔 2 均检修；

（7）本开关站间隔 1、间隔 2、分段任意一个位置继电器异常；

（8）本开关站间隔 1、间隔 2 任意一个手动跳闸；

（9）本开关站间隔 1 或间隔 2 开关拒跳；

（10）电压互感器隔离开关（或手车）和空气开关均在合位，其开入量为 0；

（11）当上游主干线和本开关站间隔 1 均为合位时，收到上游手动跳闸信号或首端变电站侧闭锁自愈信号；

（12）当下游主干线和本开关站间隔 2 均为合位时，收到下游的手动跳闸信号或尾端变电站侧闭锁自愈信号；

（13）本开关站分段备自投整定控制字、功能硬压板或功能软压板任意一个退出。

3. 动作逻辑

当充电完成后，本地母线无压（线电压都小于母线无压定值）且间隔1、间隔2均无流，另一段母线有压（最大线电压大于母线有压定值），则启动，经分段备自投跳闸时间延时后，环网自愈充电标记为0，则跳间隔1、间隔2并联跳本开关站所有小电源。确认间隔1、间隔2跳开后且母线无压，经分段备自投合闸时间延时合分段开关。

当间隔1、或间隔2检修时，该间隔不参与分段备自投逻辑。

（六）过流/零序后加速保护

间隔1~3配置过流/零序后加速保护，保护逻辑图如图10-9所示。当自愈合间隔1或自愈合间隔2，或备自投合间隔3后，应固定开放对应间隔的后加速保护3s，防止合于故障。当采用自产零序电流（采集三相电流通过内部程序计算出的零序电流）时，电流互感器断线闭锁零序后加速保护。

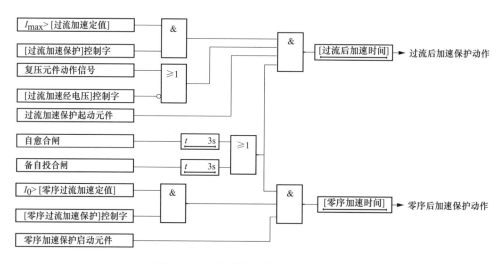

图10-9　过流/零序后加速保护逻辑图

二、次干网馈线自动化故障处理逻辑

钻石型城市配电网次干网是以配电站为节点组成的单环网或无联络的双环网。其电源为主干网中的开关站。在次干网中，除了电源开关站的出线配置断路器外，环网其余部分的开关电器均为负荷开关。因此次干网在配电变压器熔断器电源侧任意一点发生故障，均仅能依靠环网两侧的开关站出线开关的保护动作切除故障，电源开关站至故障环网开环点之间的所有母线都将失压。

配电自动化主站通过 DTU 采集到干线上各线路间隔的开关位置和保护动作信号，根据故障处理逻辑，先进行故障定位，确定故障区段或故障母线，然后进行故障隔离（断开故障点相邻的负荷开关），最后通过开环点负荷开关和线路首端断路器恢复非故障区段的供电。通过故障检修后，再将环网恢复正常的运行方式。这一过程目前采用在主站进行逻辑处理，提示处理方案并经过人工确认后再操作的模式，处理时间为分钟级。

图 10-10 是以 6 座配电站构成的钻石型城市配电网次干网（手拉手单环网），两路电源来自同一座开关站不同母线或不同开关站。其中一座配电站的一个负荷开关正常状态开断运行（如图 10-10 中的负荷开关 QS6），作为环内开环点。当任何一个区段故障时，打开相应区段的开关，完成故障隔离，然后恢复非故障区段供电。该单环网共配置了 4 个"三遥"节点，分别位于环网中间和两端的一级节点。

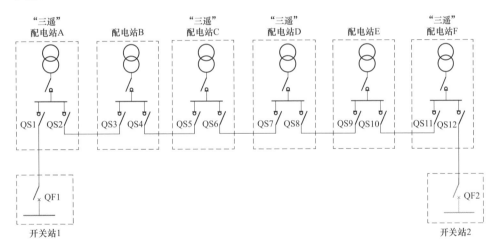

图 10-10 次干网接线示意图

以图 10-10 为例，说明不同位置故障时钻石型城市配电网次干网自愈系统的集中式馈线自动化处理策略和智能分布式馈线自动化处理策略。

（一）首端线路 QF1、QS1 区段发生故障

（1）集中式馈线自动化处理策略。

1）故障判断：开关站 1 出口断路器 QF1 保护动作，"三遥"配电站内配电终端检测电流并将故障信息传送给主站，配电主站通过调度主站获取 QF1 动作信号、开关变位信号以及收到的各配电站站内配电终端信息，再根据网络拓扑结

构分析确定故障点位于 QF1、QS1 段。

2）故障隔离：由主站自动执行，经调度确认后执行遥控操作或现场执行就地操作，拉开负荷开关 QS1，实现故障区域隔离。

3）非故障区域恢复供电：由主站自动执行，经调度确认后发遥控命令或现场执行就地操作，QS6 合闸，恢复故障区段下游供电。

（2）智能分布式馈线自动化处理策略。

1）故障判断：开关站 1 出口断路器 QF1 保护动作，断路器 QF1 的 FA 控制单元检测到故障电流，通过对等通信、信息交互进行判断，确定故障点位于 QF1、QS1 区段。

2）故障隔离：配电站 A 配电终端拉开负荷开关 QS1 隔离故障。

3）非故障区域恢复供电：配电站 C 处配电终端收到故障隔离成功信号后，发送合闸命令，QS6 合闸，恢复故障区段下游供电。

（3）动作时序逻辑，见图 10-11。

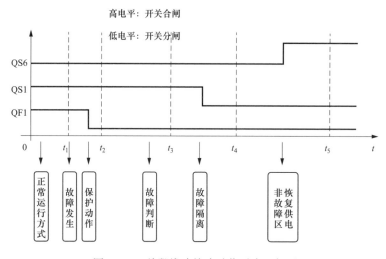

图 10-11　首段线路故障动作时序逻辑图

（二）配电站间线路 QS4、QS5 区段发生故障

（1）集中式 FA 处理策略。

1）故障判断：开关站 1 出口断路器 QF1 保护动作，"三遥"配电站内配电终端检测电流并将故障信息传送给主站，配电主站通过调度主站获取 QF1 动作信号、开关变位信号以及收到的各配电站站内配电终端故障信息，再根据网络拓扑结构分析确定故障点位于 QS2、QS5 段。

2）故障隔离：由主站自动执行，经调度确认后执行遥控操作或现场执行就地操作，拉开负荷开关 QS2、QS5，实现故障区域隔离。

3）非故障区域恢复供电：由主站自动执行，经调度确认后执行发遥控命令或现场执行就地操作，QS6 合闸，恢复故障区段下游供电，调度主站遥控断路器 QF1 合闸，恢复故障区段上游供电。

（2）智能分布式馈线自动化处理策略。

1）故障判断：开关站 1 出口断路器 QF1 保护动作，配电站 C 配电终端未检测到故障电流，配电站 A 配电终端检测到故障电流，通过对等通信、信息交互进行判断，确定故障点位于 QS2、QS5 区段。

2）故障隔离：配电站 A 配电终端和配电站 C 配电终端分别拉开负荷开关 QS2、QS5 隔离故障。

3）非故障区域恢复供电：配电站 C 配电终端收到故障隔离成功信号后，发送合闸命令，负荷开关 QS6 合闸，恢复故障区段下游供电，QF1 处馈线自动化控制单元发送合闸命令，QF1 合闸，恢复故障区段上游供电。

（3）动作时序逻辑，见图 10-12。

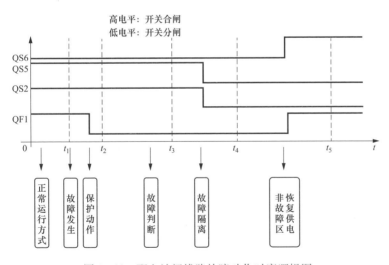

图 10-12　配电站间线路故障动作时序逻辑图

（三）线路末端 QS6、QS7 区段发生故障

（1）集中式 FA 处理策略。

1）故障判断：开关站 2 出口断路器 QF2 保护动作，"三遥"配电站内配电终端检测电流并将故障信息传送给主站，配电主站通过调度主站获取 QF2 保护

动作信号、开关变位信号以及收到的各配电站站内配电终端故障信息，再根据网络拓扑结构分析确定故障点位于 QS6、QS7 段。

2）故障隔离：由主站自动执行，经调度确认后执行遥控操作或现场执行就地操作，拉开负荷开关 QS7 实现故障区域的隔离。

3）非故障区域恢复供电：调度主站遥控或就地操作断路器 QF2 合闸，恢复故障区段上游供电。

（2）智能分布式馈线自动化处理策略。

1）故障判断：开关站 2 出口断路器 QF2 保护动作，配电站 C 配电终端未检测到故障电流，配电站 D 配电终端检测到故障电流，通过对等通信、信息交互进行判断，确定故障点位于 QS6、QS7 区段。

2）故障隔离：配电站 D 配电终端拉开负荷开关 QS7 隔离故障。

3）非故障区域恢复供电：QF2 处馈线自动化控制单元发送合闸命令，断路器 QF2 合闸，恢复故障区段上游供电。

（3）动作时序逻辑，见图 10-13。

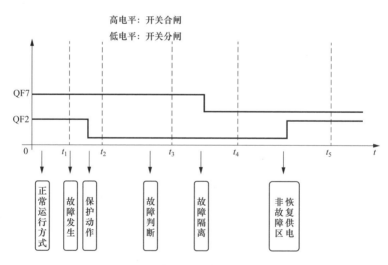

图 10-13　线路末端故障动作时序逻辑图

第五节　小　　结

本章通过方案比选，对钻石型城市配电网的主干网和次干网继电保护及自动装置的配置方案、主干网分布式自愈逻辑以及次干网馈线自动化故障处理逻辑进行了分析，主要结论如下：

（1）建议钻石型城市配电网主干网线路全线配置纵差保护，包含相电流和零序电流差动元件，以取代现有过流和零流保护作为线路主保护的功能。

（2）除了变电站出线断路器外，双环网主干网上不再设置过流或零流保护。过流或零流保护的配合层级仅有 2 级，即变电站出线断路器为上级，开关站供次干网线路的断路器为下级。

（3）采用自愈系统替代备自投装置。以双环网为单元设置独立于配电主站的自愈系统，借鉴智能分布式馈线自动化的思路，在故障发生时分析故障的特征并搜集有关继电保护的数据，等待系统继电保护动作完成故障切除后，在双环网的每个环网中执行馈线自动化故障处理逻辑。

（4）当主干网继电保护与次干网配电自动化存在配合，且确认故障点位于次干网之外时，建议次干网馈线自动化不动作，或者选择较长的动作延时（15～30s），以躲过主干网的网络重构。

第十一章　钻石型城市配电网设备选择

第一节　概　　述

配电设备是从输电网和各类发电设施接受电能，就地或逐级分配给各类用户的电能传输载体。由于配电设备在电能传输环节的末端，数量巨大，是保证配电系统安全稳定运行、提高供电质量和绿色节能减排的关键环节。因此配电设备的选择应结合地区负荷的发展、电源建设及电网结构等情况，统筹考虑配电设施在电网中的地位和作用，按照科技进步、标准统一、经济高效、节能环保的原则，与市容环境相协调，力求减少占地和建筑面积，降低工程造价。

配电网设施设备选择一般要遵循以下基本原则：①应遵循设备寿命周期管理的理念，坚持安全可靠、经济实用的原则；②应遵循考虑地区差异的标准化原则，应根据供电区域的类型、供电需求及环境条件确定设备的配置标准；③配电设备应具有较强的适用性，留有合理的裕度，保证在故障、负荷波动或转供时也满足运行要求；④应根据电网结构和负荷发展水平，实现标准化、序列化；⑤应综合考虑可靠性、经济性及实施条件等因素，并满足新型电力系统的发展要求。

钻石型城市配电网的设备选择包括变电站、开关站、环网配电站的设备选择以及 10kV 电缆线路的选择。一次设备选择需要注意钻石型城市配电网双环网开环运行的运行方式灵活多变，满足 $N-1$ 条件带负荷能力较单环网高，一方面导致了线路载流量较传统单环网高，另一方面则可能造成配网潮流超过开关站、变电站原有电流互感器的限值。二次设备选择需要注意由于钻石型城市配电网开关站配置了自愈系统，变电站需要做相应改造，而原有配电网的开关站和变电站并未考虑自愈系统的空间需求，因此需要对已建开关站和变电站评估其是否具备装设自愈系统的条件，还需要评估改造过程中停电可能造成的影响，并提出应对措施。

针对上述问题，本章基于上海配电网建设现状，研究了钻石型城市配电网变电站、开关站、配电室一二次设备、通信设备和辅助设施以及线路等设备的选型要求，为有效推进上海钻石型城市配电网的标准化建设提供依据。

第二节 配电设备选择的基本要求

配电网设备选型和配置应与配电网发展水平及目标网架相适应，符合国家现行有关技术标准的规定，并根据配电网规划预留自动化扩充功能。

一、中压配电设备一般选择条件

一般来说，中压配电设备的选择条件和校验条件包括额定电压、额定电流、开断电流、绝缘水平、稳定性校验以及机械载荷校验等，具体设备的选择条件和校验条件根据其工作环境和性能有所变化，可参考相关书籍或者工程设计手册。

（1）设备的额定电压（即最高电压）应不小于其所在电网的最高运行电压。

（2）设备的额定电流应不小于其所在回路在各种合理运行方式下的最大持续工作电流。对户外隔离开关，考虑长期暴露于空气，触头会发生氧化使温升偏高，故其额定电流应留有一定裕度。

（3）按开断电流选择（对有要求的设备，如断路器）。如断路器的额定开断电流应不小于可能开断的最大电流，即：

$$I_{Nd} \geqslant I''_k \quad \text{或} \quad S_{Nd} \geqslant S'' \tag{11-1}$$

式中：I_{Nd}为断路器的开断电流；I''_k为次暂态电流；S_{Nd}为断路器的额定开断容量；S''为短路容量。

（4）额定绝缘水平。配电设备的绝缘水平按电力网中可能出现的各种作用电压、保护装置特性及设备绝缘特性等因素来确定，从而保证配电设备的绝缘在工作和过电压作用下具有足够的可靠性。

（5）短路稳定性。一般应按最大可能通过的短路电流进行动稳定和热稳定校验。用熔断器保护的配电设备可不校验热稳定。当熔断器有限流作用时，可不校验动稳定，用熔断器保护的电压互感器可不校验动、热稳定。

1）动稳定校验。所谓动稳定校验是指在冲击电流作用下，配电设备的载流部分所产生的电动力是否会导致设备的损坏，配电设备的极限电流必须大于三相短路时通过配电设备的冲击电流。即：

$$i_{max} \geqslant i_{sh} \qquad (11-2)$$

式中：i_{max} 为配电设备允许的动稳定电流（峰值），kA；i_{sh} 为配电设备所在回路的短路冲击电流，kA。

2) 热稳定校验。所谓热稳定校验是指短路电流 I_∞ 在假想时间内通过断路器时，其各部分的发热不会超过规定的最大允许温度，即：

$$I_t^2 t \geqslant I_\infty^2 t_{ima} \qquad (11-3)$$

式中：I_t、t 为制造厂给出的允许通过的热稳定电流和持续时间，单位分别为 kA 和 s，旧产品通常为 1s、5s 或 10s，新产品为 4s；I_∞ 为稳态短路电流，kA；t_{ima} 为假想时间，在无限大容量电源供电系统中，$I''=I_\infty$，故 $t_{ima}=t_k+0.05s$，当 $t_k>1s$ 时，$t_{ima}=t_k$。

$$t_k = t_{op} + t_{\alpha} \qquad (11-4)$$

式中：t_{op} 为继电保护动作时间；t_{α} 为断路器全分断时间（固有分闸时间加灭弧时间），一般断路器 $t_{\alpha}=0.2s$，高速断路器 $t_{\alpha}=0.1\sim0.15s$。

(6) 机械载荷校验。所选设备的端子的允许负载，应大于设备引线在正常运行和短路时的最大作用力。例如在三相系统中，当三相引出线（假设为矩形导体）在同一平面布置时，在发生三相短路故障时，受力最大的是中间相，短路电流冲击值通过导体中间相产生的电动力为：

$$F_{max}^{(3)} = \sqrt{3}k_f i_{sh}^2 \frac{L}{a} \times 10^{-7} \qquad (11-5)$$

式中：$F_{max}^{(3)}$ 为中间相导体所受的最大电动力，N；k_f 为相邻矩形截面形状系数；i_{sh} 为三相短路电流冲击值，kA；L 为导体长度，m；a 为两平行导体中心线距，m。

当 L、a 和 k_f 为定值时，$F_{max}^{(3)}$ 仅与电流有关，故对一般电器，其动稳定性可用极限通过电流（即额定峰值耐受电流）来表示。

二、常用中压设备的具体选择条件

（一）断路器选择基本要求

断路器是指能够关合、承载和开断正常回路条件下的电流并能在规定的时间内关合、承载和开断异常回路条件下的电流的开关装置。断路器的选型主要应考虑以下因素：

(1) 电气性能。包括额定电压、额定电流、额定频率、额定短路开断电流、热稳定、动稳定和绝缘水平。

（2）灭弧介质。在允许的价格条件下，应尽量采用无油化断路器，即 SF_6 断路器和真空断路器。采用真空断路器时应考虑分断感性负载❶时产生截流过电压并采取措施，如配置 R-C 阻尼装置或金属氧化物避雷器。

（3）安装地点。包括户内、户外、温度、湿度、环境污秽状况、海拔高度等；对户内的断路器往往采用开关柜作为成套配电装置安装使用。

（4）机械寿命。断路器的故障往往发生在操作机构的失灵、拒动等方面。因此，机械寿命（即可操作次数）也是一个重要的技术指标。

（5）电寿命。触头在多次接通和断开有载电路后，它的接触表面将逐渐产生磨耗和损坏，这种现象称为触头的磨损。触头磨损达到一定程度后，其工作性能便不能保证，此时，触头的寿命终结。断路器的电寿命主要取决于触头的寿命，故断路器的电寿命也是重要指标之一（如 20 年及以上）。

（6）快速开断。断路器的开断短路电流的时间往往对系统的稳定性起重要作用，因此，快速开断是一个质量指标，由系统稳定要求确定。这也包括对自动重合闸（即操作循环顺序）的配合。

（二）负荷开关选择基本要求

中压负荷开关的选择一般按环境条件和技术条件进行。

（1）环境条件。包括环境温度、最大风速（户外式用）、覆冰（户外式用）、相对湿度（户内式用）、日温差（户外式用）、污秽状况（户外式用）、海拔、地震烈度等。

（2）技术条件。

1）按正常工作条件选择，包括电压、电流、频率和机械载荷等。

2）按短路条件校验，包括动稳定电流、额定关合电流、动稳定电流、热稳定电流和持续时间等。

3）按绝缘水平选择，包括 1min 工频耐压、雷电冲击耐受电压等。

以上各项可参考《高压开关设备和控制设备标准的共用技术要求》（DL/T 593—2016）的规程要求。

（三）互感器选择基本要求

（1）电压互感器选择基本原则。

1）电压的选择。电压互感器的额定一次电压应与安装地点电网的额定电压相对应，额定二次电压一般为 100V（或 $100/\sqrt{3}$ V）。

---

❶　如经常分断高压电动机或电弧炉变压器等。

2）按准确级要求选择。电压互感器的二次负荷 S_2 不得大于规定准确级所要求的额定二次容量 S_{2N}，即 $S_{2N} \geqslant S_2$。

（2）电流互感器选择基本要求。

1）电流、电压的选择要求：①额定电压应不低于装设地点电路的额定电压；②额定一次电流应不小于电路中的计算电流。

a）测量表计回路电流选择。测量表计回路用的电流互感器选择应使正常负荷下仪表指示在刻度标尺的 2/3 以上，并考虑过负荷运行时有适当的指示，一般：

$$I_1 \geqslant 1.25 I_N \tag{11-6}$$

式中：I_1 为电流互感器的一次电流；I_N 为发电机或变压器的额定电流，对线路应取最大负荷电流。

对直接起动电动机应选用：

$$I_1 \geqslant 1.5 I_N \tag{11-7}$$

b）继电保护用电流互感器的电流选择。当保护与测量仪表共用一组电流互感器时，只能选用相同的额定一次电流；当电流互感器单独用于保护回路时，其电流应大于该回路可能出现的最大长期负荷电流；对 Yd 接线的变压器差动回路，需计算使所选用的两侧电流互感器在变压器以额定容量运行时，其两侧电流互感器二次侧的二次电流能使差动继电器达到平衡，一般将 Y 侧电流互感器的额定一次电流增大 $\sqrt{3}$ 倍。

2）准确级选择要求。

a）用于电能测量的互感器的准确级：①0.5 级有功电能表应配用 0.2 级互感器；②1.0 级有功电能表及 2.0 级无功电能表应配用 0.5 级互感器；③2.0 级有功电能表及 3.0 级无功电能表应配用 1.0 级互感器。

b）一般保护用互感器可用 3 级，差动、距离及高频保护用互感器应用 0.5 级（或 D 级），零序接地保护可用专用的电流互感器。

c）二次负荷 S_2 不得大于额定准确度要求的额定二次负荷，即：

$$S_{2N} \geqslant S_2 \tag{11-8}$$

二次负荷 S_2 可由式（11-9）计算：

$$S_2 \approx \sum S_i + I_{2N}^2 (R_{wl} + R_{xc}) \tag{11-9}$$

式中：S_i 为仪表、继电器在 I_{2N} 时的功率损耗（查产品样本）；R_{wl} 为连接导线电阻，$R_{wl} = \dfrac{l}{\gamma A}$，$l$ 是二次电路计算长度，γ 是导线电导率[53m/（Ω·mm²）]，A 是导线截面，mm²；R_{xc} 为二次回路接头的接触电阻（近似取 0.1Ω）。

（四）电缆选择基本要求

（1）导体材料。一般选用铝芯。在下列场合可采用铜芯：①重要的操作回路及二次回路；②移动设备的线路及剧烈振动场合的线路；③对铝有严重腐蚀的场合；④爆炸危险场所有特殊要求者；⑤国际工程有要求者。

（2）绝缘种类的选择应根据电缆的使用场所来选择。在当今，橡塑电缆，特别是交联聚乙烯电缆，由于其比油浸绝缘电缆的绝缘性能好，具有耐热、耐老化、无油、防火等优点，故使用越来越广泛。

（3）对于较长输电线路、电缆截面一般按经济电流密度初步选择，按发热、电压损失及短路热稳定进行校验。对较短输电线路，只需按发热和短路热稳定进行校验。

（五）开关柜选择基本要求

（1）根据使用环境决定户外或户内型。

（2）根据开关柜数量和可靠性要求决定固定或手车式。

（3）根据一次接线方案决定柜内的电气设备组成，包括断路器、其他设备及断路器配套设备。

（4）根据占地的大小来选择不同尺寸的开关柜。

第三节　钻石型城市配电网一次设备选择

一、变电设备选择

（一）变电站

钻石型城市配电网供电能力较普通单环网高，其单个环网所带负荷容量大。因此本节重点分析变电站中与钻石型城市配电网相关的变电一次设备的选择，主要有 10kV 开关柜、电流互感器和站用变压器等设备的选择，其他设备的选择与传统网架的设备型式一致。

1. 开关柜

根据《国家电网公司标准化成果（35～750kV 输变电工程通用设计、通用设备）应用目录》，现状 110kV、35kV 变电站 10kV 配电装置设备采用 10kV 空气绝缘高压开关柜，馈线柜额定电流选择 1250A。

根据钻石型接线的结构和工作状态，其开关柜内断路器的额定工作电流按照如下方式确定。

（1）正常工作状态：根据图 5-5，现状上海地区开关站整站负荷按最大值取 4MW，正常工作情况下最大线路负载为 3 段母线，工作电流约为 330A。

（2）线路 N-1 和检修方式 N-1 状态：根据第 5 章第 4 节钻石型城市配电网线路 N-1 停运的负荷转移能力分析，含 4 座开关站时，在首段线路 N-1 线路最大负载为 3 段母线（1.5 座开关站）负荷；若钻石型接线含 5 座开关站，则在首段线路 N-1 时，线路最大负载为 4 段母线（2 座开关站）负荷；若钻石型接线含 6 座开关站，则在首段线路 N-1 时，线路最大负载为 4 段母线（2 座开关站）负荷。现状上海地区开关站整站负荷按最大值取 4MW，在线路 N-1 负荷转移情况下，线路最大负载为 4 段母线，工作电流约为 440A。

若钻石型接线含 4 座开关站，则在检修方式 N-1 时，线路最大负载为 4 段母线（2 座开关站）负荷；若钻石型接线含 5 座开关站，则在检修方式 N-1 时，线路最大负载为 5 段母线（2.5 座开关站）负荷；若钻石型接线含 6 座开关站，则在检修方式 N-1 时，线路最大负载为 6 段母线（3 座开关站）负荷。现状上海地区开关站整站负荷按最大值取 4MW，在检修方式 N-1 负荷情况下，线路最大负载为 6 段母线，工作电流约为 660A。根据现状电网设备及通用设备，建议变电站 10kV 开关柜额定电流选择 1250A，可满足钻石型城市配电网在不同工况下的需求。

2. 电流互感器

根据《国家电网公司标准化成果（35～750kV 输变电工程通用设计、通用设备）应用目录》，现状 110kV 及 35kV 变电站 10kV 侧馈线柜柜内电流互感器，其参数为 400（800）/5，5P20/5P20（0.5s）/0.5S，20/20/15VA。在钻石型城市配电网中，变电站出线为主干网线路，在这些线路上使用的电流互感器要考虑其正常运行和故障时各类工况对设备参数的要求。

（1）一次额定电流：根据上面的分析，变电站馈线正常的最大工作电流不超过 330A，检修 N-1 情况下最大不超过 660A。因此，变比参数 400（800）/5 在该工作条件下是适用的。

（2）次级数量：钻石型城市配电网线路保护[1]和自愈终端需要使用 P 级绕组。计量表计和监控系统遥测需要 0.5S 级绕组。次级数量的需求为至少 1 个 P 级和 1 个 0.5S 级，如果有条件时，应尽可能选择 2 个 P 级绕组，便于纵差保护和自愈系统调试。

（3）二次绕组容量：对于 P 级绕组，当线路保护与自愈系统终端共用绕组时，电流回路负载按照 16VA 估计[2]。二次绕组负载及阻抗统计如下：自愈终端

---

[1] 包括纵差保护和过流保护。
[2] 考虑自愈系统终端组屏安装于二次设备室内，电流回路二次电缆长度增加 80m。

电流回路输入功耗为 1VA/相；线路保护功耗 1VA/相；二次电缆 80m，电阻为 0.23Ω，功耗 11.5VA；接触电阻取 0.1Ω，接触电阻功耗 2.5VA。当电流互感器 P 级绕组二次容量为 20VA 时，可满足要求。

（4）精度或准确限值系数：对 0.5S 级绕组，其精度可以满足计量和遥测的要求。对 P 级绕组，因需要用于纵差保护，校核其准确限值系数（accurate limit coefficient，ALF）很有必要。如果 ALF 过低使得区外故障时电流互感器饱和，将导致纵差保护误动作，自愈系统中基于纵差原理的故障定位功能也会做出错误的判断导致事故扩大化。

3. 站用变压器

现状 110kV 及 35kV 变电站中 380/220V 站用电接线为单母线形式。站内设置 2 台 10kV 无励磁干式站用变压器。站用变压器的高压侧接于 10kV 母线；低压侧经失压自切装置接于站用电母线，以保证站用电源的可靠性。

正常方式下，2 台站用变压器中的一台带所有负荷运行，当该台站用变压器失电后，失压自切装置动作，由另一台站用变压器供所有负荷。110kV 变电站站用变压器容量计算结果如表 11-1 所示。

表 11-1　　　　　　　　站用变压器容量计算结果表（110kV 站）

序号	名称	额定容量（kW/台）	安装台数	运行台数	总容量（kW）
	动力电源				
1	充电装置	11	1	1	11
2	变压器有载调压装置	1.0	3	3	3
3	110kV 断路器操作机构电源	1.0	12	4	4
4	10kV 断路器操作机构电源	0.5	68	10	5
5	UPS 电源	4	1	1	4
6	消防报警系统电源	1.0	1	1	1
7	通风	15			15
	容量合计 P_1				43
	加热电源				
1	110kV 配电装置加热	0.5	12	12	6
2	空调	32			32
	容量合计 P_2				38
	照明电源				
1	常规照明	9			9
2	事故照明	3			3
	容量合计 P_3				12

续表

序号	名称	额定容量（kW/台）	安装台数	运行台数	总容量（kW）
	消防电源				
1	消防栓稳压泵	7.5	2	1	7.5
2	消防栓水泵	22	2	1	22
	容量合计 P_4				29.5
$P_\Sigma(\text{kW})=0.85P_1+P_2+P_3=86.55\text{kW}$					

正常情况下，消火栓水泵不投入运行，所以此时 110kV 变电站全站站用电负荷为 86.55kW。当全站消防报警时，站内空调和风机的电源回路将被自动切除，消防回路容量为消火栓稳压泵容量加消火栓水泵容量，共计 29.5kW，小于空调和风机的总容量 47kW，故此时 110kV 变电站全站站用电负荷小于 86.55kW。

35kV 变电站全站站用电负荷为 69kW，如表 11-2 所示，站内配置 100kVA 站用变压器容量可满足要求。自愈测控装置（自愈智能终端装置）的电源取自直流系统，对站内交流系统不造成影响。

表 11-2　　　　　　　站用变压器容量计算结果表（35kV 站）

序号	名称	额定容量（kW/台）	安装台数	运行台数	总容量（kW）
	动力电源				
1	充电装置	11	1	1	11
2	变压器有载调压装置	1.0	3	3	3
3	35kV 断路器操作机构电源	1.0	3	3	3
4	10kV 断路器操作机构电源	0.5	42	10	5
5	UPS 电源	2	1	1	2
6	消防报警系统电源	1.0	1	1	1
7	通风	15			15
	容量合计 P_1				40
	加热电源				
1	35kV 配电装置加热	0.5	6	6	3
2	空调	20			20
	容量合计 P_2				23
	照明电源				
1	常规照明	9			9
2	事故照明	3			3
	容量合计 P_3				12
$P_\Sigma(\text{kW})=0.85P_1+P_2+P_3=69\text{kW}$					

（二）开关站（高压开关柜）

10kV 开关站中与钻石型城市配电网相关的 10kV 配电装置设备主要为高压开关柜。高压开关柜应具有完善的"五防"连锁功能，有效防止误操作。应选用技术成熟、可靠性高的国内领先的优质产品。10kV 开关柜一般采用空气绝缘开关柜，寿命不低于 40 年，防护等级不低于 IP4X❶；在受环境条件等限制的情况下可选用气体绝缘开关柜，防护等级不低于 IP5X❷。

1. 绝缘介质及开关柜尺寸

10kV 开关柜按绝缘介质可分为空气绝缘开关柜和气体绝缘开关柜。

空气绝缘开关柜常规尺寸为 800mm×1500mm×2200mm，单列布置时，柜前距离约为 2000mm（单车长＋1200），面对面双列布置时约为 2500mm（双车长＋900），柜后为 800mm。

气体绝缘开关柜主要绝缘气体为 SF_6 和 N_2。气体绝缘开关柜常见的设备尺寸有 4 种，如表 11-3 所示。其中最大尺寸为 ABB 的 ZX0-12 的 600mm×1100mm×2250mm，柜前、柜后的检修通道距离分别为 1500mm 和 300mm。

表 11-3　　　　　　　　　　10kV 气体绝缘开关柜尺寸表　　　　　　　　单位：mm

厂家及型号		上海电气 SEG1-12	ABB ZX0-12	天灵 N2X-12	西门子 NXplus C-12
外形尺寸	高	2300	2250	2300	2250
	宽	500	600	500	600
	深	1200	1100	1050	1000

空气绝缘开关柜占地尺寸相比气体绝缘开关柜较大。以 10kV 侧 2 进 16 出（含站用变压器回路）开关站为例，其典型的空气绝缘和气体绝缘开关柜的平面布置图如图 11-1 和图 11-2 所示（图中站用变压器简称站用变）。使用空气绝缘开关柜的开关站尺寸约为 19.7m×8m，面积为 157.6m²；使用气体绝缘开关柜的开关站尺寸约为 16.0m×5.6m，面积为 89.6m²。

气体绝缘开光柜柜内高压元件❸的重要部件均安装于柜内充气隔室中，气密性较好，充气隔室防护等级达到 IP65❹，年漏气率低于 1‰，重要部件不受周边环境影响。

---

❶ 直径为 1mm 的金属线不能透过产品空隙并影响危险部件。

❷ 放置于沙尘箱中，开盖检查产品内部无灰尘进入，若有些许不影响产品性能也能判定负荷标准要求。

❸ 断路器、隔离开关、接地开关及高压带电体等。

❹ 完全防尘并可以防止喷射水的侵入。

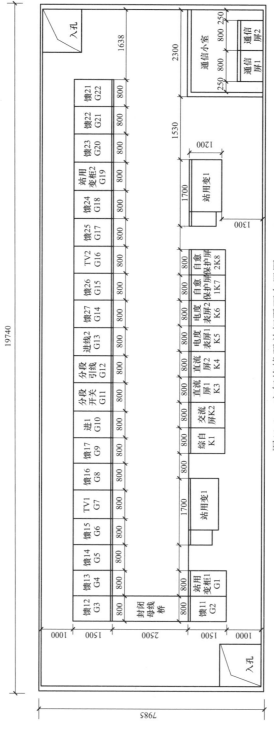

图11-1 空气绝缘开关柜平面布置图

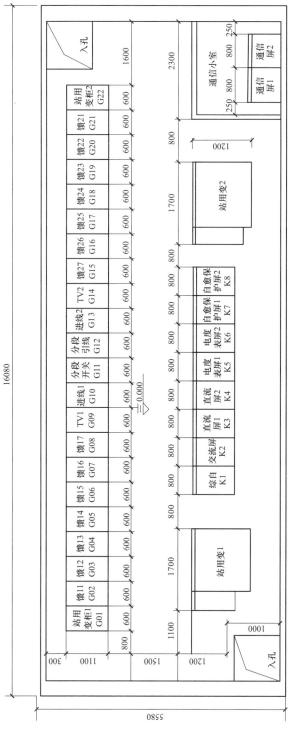

图11-2　气体绝缘开关柜平面布置图

钻石型城市配电网

但考虑气体绝缘开关柜价格较高，每单台气体绝缘开关柜较空气绝缘开关柜价格约高出 10 万元；气体绝缘柜部件均安装于气室内，如后期设备损坏需连同气室一起更换，后期设备检修较为困难，也存在气体泄漏隐患。因此只在周边运行环境恶劣❶或地形、空间确受限制的开关站采用气体绝缘开关柜，其余站点仍应使用空气绝缘开关柜。

2. 断路器的额定电流

开关柜采用弹簧储能操作机构的真空断路器，机械操作寿命不小于 20000 次，具备手动和电动操作功能。根据钻石型接线主干网的连接特点，需要分析不同情况下断路器的额定电流。

钻石型城市配电网形成后，10kV 主干网中，10kV 开关柜原有两回进线扩展为 4 回进线。在常规工作状态、线路 N-1 状态和检修方式 N-1 状态中，线路最大负载为 6 段母线，根据上海地区开关站整站负荷约为 4MW 的设定，工作电流约为 660A。站内其余 10kV 馈线柜主要为站内的配电变压器、用户站或次干网供电。10kV 开关站站内配电变压器容量不超过 1250kVA，电流约为 90A；10kV 用户站容量小于 8000kVA，电流为 572A；10kV 次干网每环供应的配电变压器容量（包括用户）不超过 7000kVA，电流约为 500A。

因此，额定电流为 1250A 的 10kV 开关柜，可满足钻石型城市配电网在不同工况下的需求。

3. 电流互感器

现状开关站进线柜为 3 次级电流互感器，额定变比 600/5，3 个二次绕组的误差等级和额定容量分别是 0.5S/10P20/10P20 和 15/20/20VA；馈线柜为 2 次级电流互感器，额定变比 200（400）/5，误差等级 0.5S/10P20（0.5S），额定容量 15/20VA；分段柜为 2 次级电流互感器，额定变比 600/5，误差等级 0.5S/10P20（0.5S），额定容量 15/20VA。

在钻石型城市配电网中，开关站为主干网线路核心节点，在这些线路上使用的电流互感器必须要考虑其正常运行和故障时各类工况对设备参数的要求。

（1）一次额定电流：根据上面的分析，变电站馈线正常的最大工作电流不超过 330A，检修 N-1 情况下最大不超过 660A。因此，开关站主干线及分段开关柜应使用 400（800）/5 带抽头的电流互感器。

---

❶ 周边 2km 存在化工厂、其他重污染源或处于重污区时。

（2）次级数量：钻石型城市配电网线路保护❶和自愈终端需要使用 P 级绕组。计量表计和监控系统遥测需要 0.5S 级绕组。次级数量的需求为至少 1 个 P 级和 1 个 0.5S 级，如果有条件时，应尽可能选择 2 个 P 级绕组，便于纵差保护和自愈系统调试。

（3）二次绕组容量：对于 P 级绕组，当线路保护与自愈系统终端共用绕组时，电流回路负载按照 9VA 估计❷。

电流互感器的二次绕组容量具体统计如下：自愈保护装置（分布式）/自愈智能终端（主从式）的终端电流回路输入功耗为 1VA/相；线路保护功耗为 1VA/相；二次电缆 30m，电阻为 0.08Ω，功耗为 4.5VA；接触电阻取 0.1Ω，接触电阻功耗 2.5VA。因此当电流互感器 P 级绕组二次容量为 20VA 时，可满足要求。

（4）精度或准确限值系数：0.5S 级绕组的精度可以满足计量和遥测要求。因 P 级绕组需要用于纵差保护，有必要校核其准确限值系数 ALF。如果 ALF 过低使得区外故障时电流互感器饱和，将导致纵差保护误动作，自愈系统中基于纵差原理的故障定位功能也会做出错误的判断导致事故扩大化。

二、电缆选择

10kV 配电工程中电缆的性能、质量直接影响着 10kV 配电网的运行。钻石型城市配电网电缆的安全性和可靠性直接关系到电网供电的质量和稳定性。因此本小节电缆选择中首先通过适应性研究明确 10kV 电缆线路和 10kV 开关站进出线电缆的可选截面积大小，再通过载流量分析明确钻石型城市配电网的 10kV 主干网和 10kV 次干网的电缆选择。

10kV 电缆线路一般采用交联聚乙烯（cross linked polyethylene，XLPE）绝缘铜芯电缆，截面积有 3×400mm²、3×240mm²、3×120mm²、3×70mm² 等型号。10kV 开关站电源进线每回电缆截面积一般需选用 3×400mm²❸，出线电缆截面积一般根据负荷情况选用，一般选 3×240mm²。

钻石型城市配电网 10kV 电缆线路的选择需要考虑载流量、绝缘水平以及阻燃阻水的要求。

1. 载流量

10kV 电缆直埋电缆载流量表和直埋电缆多根并列敷设时载流量校正系数表

---

❶　包括纵差保护和过流保护。

❷　考虑自愈保护装置（分布式）/自愈智能终端（主从式）终端组屏安装于 10kV 配电装置室内，电流回路二次电缆长度增加 30m。

❸　根据负荷需求进线可采用双拼 3×400mm² 截面电缆。

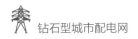

分别如表 11-4 和表 11-5 所示。

表 11-4   10kV 电缆直埋电缆载流量表

电压等级（kV）	电缆截面（mm²）	交联电缆载流量（A）
10	3×400	583
	3×240	462

表 11-5   直埋电缆多根并列敷设时载流量校正系数表

电缆间距（mm）	并列根数							
	1	2	3	4	5	6	7	8
250	1.00	0.95	0.89	0.85	0.80	0.77	0.73	0.70

在常规工作状态、线路 N-1 状态、检修方式 N-1 状态下，线路最大负载为 6 段母线，上海地区开关站整站负荷约为 4MW，工作电流约为 660A。因此，10kV 主干网和 10kV 次干网的电缆选型如下：

（1）10kV 主干环网线路首端电缆可采用双拼 3×400mm² 电缆，中间段可采用双拼 3×400mm² 或 3×240mm² 电缆。

（2）10kV 次干环网线路可采用 3×240mm² 或 3×120mm² 电缆，2 回进线最高负载率平均值应不高于 50%。

2. 绝缘水平

现状电缆附件的绝缘屏蔽层或金属护套之间的额定工频电压（U_0）、任何两相线之间的额定工频电压（U）、任何两相线之间的运行最高电压（U_m）以及每一导体与绝缘屏蔽层或金属护套之间的基准绝缘水平（base insulation level，BIL）应满足表 11-6 的要求。

表 11-6   电缆绝缘水平表（10kV）   单位：kV

系统中性点	非有效接地	有效接地
U_0/U	8.7/10	6/10
U_m	11.5	11.5
BIL	95	75
外护套冲击耐压	20	20

3. 阻燃阻水

进出 10kV 配电站及站内的中压电缆应采用 A 类阻燃电缆，进出地下配电站、地埋（半地埋）变电站的电缆应采取纵向阻水措施。

第四节 钻石型城市配电网二次设备选择

本节主要介绍变电站继电保护、安全自动设备以及通信设备的选择。

一、继电保护设备选择

（一）变电站现状站内继电保护设备选择及配置

（1）110kV（35kV）线路保护按出线间隔单套配置，采用主后一体保护测控装置，安装于110kV GIS 线路智能汇控柜内。

（2）主变压器保护按主变压器数量配置。

1）每台主变压器电气量保护双重化配置，采用主后一体保护装置；

2）非电气量保护一套，另在主变压器高、低压侧配置单独的测控装置一套，低压侧测控装置安装于 10kV 主变压器进线柜继保小室面板上；

3）电气量保护与非电气量保护、高压侧测控装置一起组成保护屏一面，就近安装于高压侧断路器附近；

（3）10kV 电容器保护按电容器数量配置，采用主后一体保护测控装置，安装于 10kV 电容器开关柜继保小室面板上。

（4）10kV 分段保护设有分段测控装置及备自投装置各一套，均安装于 10kV 分段开关柜继保小室面板上。

（5）10kV 线路保护按出线间隔单套配置，采用主后一体保护测控装置，安装于 10kV 馈线开关柜继保小室面板上。

（6）10kV 母线按段各配置一套母线测控装置及低频低压减载装置，均安装于 10kV 母设开关柜继保小室面板上。

（7）主干网采用分布式自愈架构时，每回 10kV 线路应配置一套自愈测控装置；主干网采用主从式自愈架构时，每回 10kV 线路应配置一套自愈智能终端装置。自愈系统可安装于对应 10kV 馈线柜继保小室面板上，如变电站为多个钻石型主干线电源点，也可将多台自愈测控装置（自愈智能终端装置）组屏安装于二次设备室，每面屏最多可安装 4 台自愈测控装置。

（二）10kV 开关站站内保护设备

（1）开关站配置主干网全线纵差保护。

（2）双环网自愈保护装置（分布式）/自愈智能终端（主从式）采用组屏式标准屏柜安装方式，每 2 台双环网自愈保护装置（分布式）/自愈智能终端（主从式）组一面屏。

（3）双环网自愈控制单元与相应馈线保护测控装置以及开关站配电终端间均采用数据通信方式，当采用主从式自愈架构时，每个环网内还需独立配置一台控制主机，实现各条环网供电线路的综合判断、决策，并将跳合闸命令转为具体的断路器分合闸输出，以实现系统自愈功能。

二、安全自动设备选择

（一）监控接入

（1）变电站：现状 35kV、110kV 变电站自动化系统由站控层和间隔层二层设备组成。

1）站控层提供站内运行的人机联系界面，实现管理控制间隔层设备等功能，形成全站监控、管理中心，并与调度通信。

站控层采用单星型以太网络，传输 MMS 报文和 GOOSE 报文，完成保护及故障信息管理、高级应用等功能，将站内的实时工况信息远传到调度中心。站控层配置 2 台高性能的工业级交换机，提供站控层之间数据交换接口、站控层与间隔层之间数据交换接口。站控层所有设备组柜安装，布置在二次设备室内。在二次设备室内通信介质采用超五类屏蔽双绞线。

2）间隔层由保护、测控、计量、录波、网络分析等若干个二次子系统组成，在站控层及网络失效的情况下，仍能独立完成间隔层设备的就地监控功能。

间隔层采用单星型以太网络，传输 MMS 报文和 GOOSE 报文，主要实现保护、测控、故障录波等面向间隔的功能。间隔层以主变压器为单元配置交换机，每台主变压器配置 1 台 110kV（或 35kV）间隔层交换机和 2 台 10kV 间隔层交换机，实现间隔层与站控层数据交换。110kV（或 35kV）及 10kV 配电装置室内网络通信介质均采用超五类屏蔽双绞线；二次设备室与 110kV 及 10kV 配电装置室间的通信介质均采用光缆。

当自愈系统测控装置组屏安装于二次设备室内时，可直接与二次设备室内站控层交换机连接；新上的自愈系统测控装置布置于对应的 10kV 电源仓继保小室面板上时，可与对应 10kV 间隔层交换机连接，需保证站内通信规约一致，通信介质均采用五类屏蔽双绞线。

（2）开关站：现状开关站采用光纤以太网通信，站内设自动化屏，自动化屏内设置智能主控单元。

开关站 10kV 母线相、线、零序电压遥测量通过交流采样上传，其他 10kV 遥测量均通过微机装置的通信网口上传，10kV 遥控量全部通过微机装置的通信网口输送。开关站自切及拓展备自投需远方投切控制。遥信信息量，部分通过微机装置的通信网口上传，部分以干接点形式接至智能主控单元的遥信端。新上的自愈系统保护装置组屏安装，需保证站内通信规约一致，采用五类屏蔽双绞线与自动化屏内交换机连接。

（二）交直流电源

110kV 变电站及 35kV 变电站的 380/220V 站用电接线均采用单母线接线。站用变压器的高压侧接于 10kV 母线，设置两台 10kV 无励磁干式站用变压器。站用变压器的低压侧经失压自切装置接于站用电母线，以保证站用电源的可靠性。

自愈测控装置（自愈智能终端装置）电源取自直流系统，对站内交流系统不造成影响，但是会对直流系统产生影响。

（1）110kV 变电站：110kV 变电站采用一体化电源，直流回路共 48 回馈线断路器。根据站内最终规模，根据《电力工程直流电源系统设计技术规程》（DL/T 5044—2014）C.2.3 第 2 款，采用阶梯计算法计算需要的蓄电池容量为297.7Ah，因此站内需要配置的蓄电池容量选为 300Ah（标称电压 110V），如表 11-7 所示。

表 11-7　　　　　　　　直流系统负荷统计表（110kV 变电站）

无人值班　蓄电池类型及参数：p59 2V 贫液式　放电终止电压 1.85V　放电时长：4h									
序号	负荷名称	装置容量（kW）	负荷系数	计算容量（kW）	负荷电流（A）	事故放电时间及电流（A）			
						初期	持续		末期
						(1min)	(0～1h)	(1～2h)	(2～4h)	
1	微机保护	3.9	0.6	2.34	21.3	21.3	21.3	21.3	0	0
2	智能装置及监控系统	1.0	0.8	0.8	7.3	7.3	7.3	7.3	0	0
3	UPS	4.0	0.6	2.4	21.8	21.8	21.8	21.8	0	0
4	通信负荷	3.0	0.8	2.4	21.8	21.8	21.8	21.8	21.8	0
5	冲击负荷	2.2	0.6	1.32	12	12				
6	电流合计（A）					84.2	72.2	72.2	21.8	0
7	容量计算（Ah）				297.9					

表 11-7 中蓄电池容量的阶梯计算法按下列流程进行计算。

1）第一阶段计算容量：

$$C_{c1} = K_k \frac{I_1}{K_c} = 95 (\text{Ah}) \tag{11-10}$$

式中：$K_c = 1.24$。

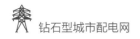

2）第二阶段计算容量：

$$C_{c2} = K_k \left(\frac{I_1}{K_{c1}} + \frac{I_2 - I_1}{K_{c2}} \right) = 188.1 (Ah) \tag{11-11}$$

式中：$K_{c1} = 0.54$，$K_{c2} = 0.558$。

3）第三阶段计算容量：

$$C_{c3} = K_k \left(\frac{I_1}{K_{c1}} + \frac{I_2 - I_1}{K_{c2}} + \frac{I_3 - I_2}{K_{c3}} \right) = 294.2 (Ah) \tag{11-12}$$

式中：$K_{c1} = 0.344$，$K_{c2} = 0.347$，$K_{c3} = 0.54$。

4）第四阶段计算容量：

$$C_{c4} = K_k \left(\frac{1}{K_{c1}} + \frac{I_2 - I_1}{K_{c2}} + \frac{I_3 - I_2}{K_{c3}} + \frac{I_4 - I_3}{K_{c4}} \right) = 267.2 (Ah) \tag{11-13}$$

式中：$K_{c1} = 0.214$，$K_{c2} = 0.214$，$K_{c3} = 0.262$，$K_{c4} = 0.344$。

式（11-10）～式（11-14）中，K_k 表示可靠系数；$C_{c1} \sim C_{c4}$ 表示蓄电池各阶段的计算容量（Ah）；$I_1 \sim I_4$ 表示各阶段的负荷电流（A）；K_{c1} 表示各计算阶段中全部放电时间的容量换算系数（1/h）；K_{c2} 表示各计算阶段中除第 1 阶梯时间外放电时间的容量换算系数（1/h）；K_{c3} 表示各计算阶段中除第 1、2 阶梯时间外放电时间的容量换算系数（1/h）；K_{c4} 表示各计算阶段中最后 1 个阶梯放电时间的容量换算系数（1/h），所有换算系数的值都可以从《电力工程直流电源系统设计技术规程》（DL/T 5044—2014）附录表 C.3-3 中查得。

5）随机负荷计算容量：

$$C_r = \frac{I_r}{K_{cr}} = 3.7 (Ah) \tag{11-14}$$

式中：I_r 表示随机负荷电流，$I_r = 5A$；K_{cr} 表示随机（5s）冲击负荷的容量换算系数（1/h），$K_{cr} = 1.34$。

将 C_r 叠加在 $C_{c2} \sim C_{c4}$ 中最大的阶段 C_{c3} 上，可得蓄电池的计算容量 C：

$$C = C_r + C_{c3} = 297.9 (Ah) \tag{11-15}$$

根据《国家电网公司输变电工程通用设计－35kV～110kV 智能变电站模块化建设施工图设计》（2016 版）中的 110-A2-7 方案，站内可预留至少 10 回直流馈线断路器为自愈测控装置（自愈智能终端装置）供电。自愈测控装置（自愈智能终端装置）供电装置负荷大小约为 20W，因此站内新增自愈系统测控装置后，蓄电池容量依旧能满足要求，直流馈线断路器也可满足要求。

（2）35kV 变电站：35kV 变电站采用的直流电源系统，直流回路共 30 回馈线断路器，站内可预留至少 6 回直流馈线断路器为自愈测控装置（自愈智能终端装置）供电。负荷统计计算如表 11-8 所示。

表 11-8　　　　　　　　直流系统负荷统计表（35kV 变电站）

序号	负荷名称	装置容量(kW)	负荷系数	计算容量(kW)	负荷电流(A)	事故放电时间及电流(A)				
						初期	持续			末期
						(1min)	(0~1h)	(1~2h)	(2~4h)	
1	微机保护	2.4	0.6	1.4	12.6	12.6	12.6	12.6	0.0	
2	智能装置及监控系统	0.4	0.8	0.32	2.9	2.9	2.9	2.9	0.0	
3	UPS	2	0.6	1.2	10.9	10.9	10.9	10.9	0.0	
4	通信负荷	0	0.8	0	0.0	0.0	0.0	0.0	0.0	
5	冲击负荷	0	0.6	0	0.0	0.0				
6	电流合计(A)					26.4	26.4	26.4	0.0	
7	容量计算(Ah)				113.2					

自愈测控装置（自愈智能终端装置）供电装置负荷大小约为 20W，假设站内配置了 4 套自愈测控装置（自愈智能终端装置），则站内蓄电池容量需为 115Ah。

（3）10kV 开关站：10kV 开关站，380/220V 站用电接线为单母线接线。KT 站❶站内配电变压器同步为站用电供电，KF 站❷站内配置 30kVA 站用变压器。站用变压器的高压侧接于 10kV 母线；站用变压器的低压侧经失压自切装置接于站用电母线，以保证站用电源的可靠性。

10kV 开关站采用的直流电源系统，直流回路 24 回馈线断路器。站内可预留至少 10 回直流馈线断路器为双环网自愈保护装置（分布式）/自愈智能终端（主从式）供电，具体负荷统计如表 11-9 所示。

站内现状配置的是 100Ah 蓄电池。每座钻石型电网主干线开关站需配置两套自愈保护装置（分布式）/自愈智能终端（主从式）装置，负荷大小约为 35W。在站内新增自愈保护装置（分布式）/自愈智能终端（主从式）装置后，根据表 11-9 的计算结果，叠加之后，蓄电池容量依旧能满足要求。

---

❶　指带有变压器的开关站。
❷　指没有变压器的开关站。

表 11-9 　　　　　　　　　　直流系统负荷统计表（10kV 变电站）

序号	负荷名称	装置容量（kW）	负荷系数	计算容量（kW）	负荷电流（A）	事故放电时间及电流（A）					
						初期	持续				末期
						（1min）	（0~1h）	（1~2h）	（2~4h）		
1	微机保护	760	0.6	456	4.1	4.1	4.1	4.1	0.0		0.0
2	智能装置及监控系统	75	0.8	60	0.5	0.5	0.5	0.5	0.0		0.0
3	UPS	0	0.6	0	0.0	0.0	0.0	0.0	0.0		0.0
4	通信负荷	0	0.8	0	0.0	0.0	0.0	0.0	0.0		0.0
5	冲击负荷	0	0.6	0	0.0	0.0					
6	电流合计（A）					4.7	4.7	4.7	0.0		0.0
7	容量计算（Ah）	22.8									

三、通信设备选择

配电网通信主要分为终端与主站端通信、终端与终端间通信，不同的配电自动化方式，数据流向及通道组织都会不同。

当钻石型城市配电网采用远方集中式馈线自动化时，配电终端检测到故障信息上传给配电自动化主站系统，主站根据收集到的所有线路测量点故障信息，经过配电网络的实时拓扑分析，按照一定的策略与算法，进行故障的诊断和定位。

当钻石型城市配电网采用智能分布式馈线自动化时，各控制节点自带处理逻辑，除了利用监控装置自身采集的信息外，通过网络化终端之间的通信，交换其他采集信息、执行故障处理逻辑、判断故障区域，并做出故障判断和动作出口，以保证自身设备或局部系统的运行。

因此下面对钻石型城市配电网的配电网业务至主站端的通道组织以及通信设备选择进行简单介绍。

1. 通道组织

（1）钻石型城市配电网的配电网业务至主站端的通道组织。

1）上行通道组织：配网站点→主站系统。10kV 站点通过配电终端采集数据后，利用本站点至临近站点或上级站点间通信网络（有线/无线）汇聚至上级 35kV/110kV 站点的特点，通过 35kV/110kV 站调度数据网划分配网数据网 VPN 上传至地调端配电主站。

2）下行通道组织：主站系统→配网站点。主站系统通过调度数据网划分配网数据网 VPN 下发至 35kV/110kV 站点，再通过 35kV/110kV 站点内配网专用交换机将业务数据转发至配网站点。

（2）配电网业务就地通信通道组织，在智能分布式馈线自动化模式下，需要同一环网内配网站点相互通信，此时，可由该环网内组成的主干通信环网/次网通信环网承载，如图 11-3 所示。

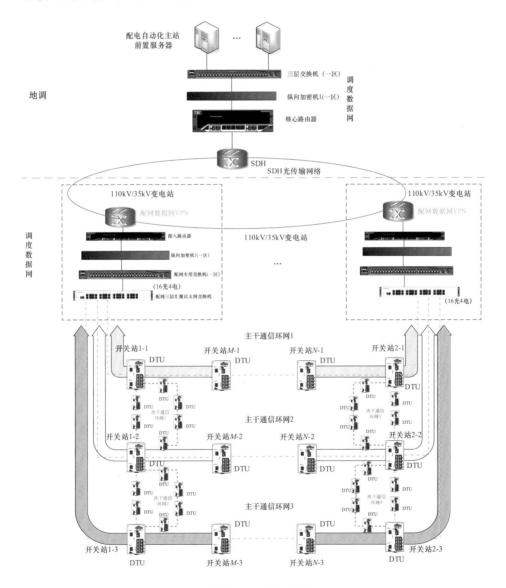

图 11-3 调度系统图

（3）配电网业务数据流向、带宽需求及延时需求如表 11-10 所示。

表 11-10　　　　　　　　　　　配电网业务分析

业务类型	业务功能	数据流向	带宽需求	延时要求
配电自动化业务	实现对配电网运行的自动化监视与控制	上行：终端上传主站的遥测、遥信信息采集业务；下行：主站下发终端的常规总召、线路故障定位隔离、恢复时的遥控命令	业务上下行峰值速率要求，单个配电终端接入速率要求为光纤专网应大于等于 19.2kbps，其他方式应大于等于2.4kbit/s；上行流量大、下行流量小	1) 遥测模拟量由终端至主站时延应小于 3s；2) 遥信状态量由终端至主站时延应小于 3s；3) 遥控命令由主站至终端时延应小于 2s
用电信息采集业务	实现用电信息的自动采集、计量异常监测、电能质量监测、用电分析和管理等功能	上行：终端上传主站的状态量采集类业务；下行：主站下发终端的常规总召命令	业务上下行峰值速率要求：用电数据采集业务应大于等于 1.05kbit/s，最大应用层速率可达125.8kbit/s，负荷控制业务应大于等于2.5kbit/s；呈现出上行流量大、下行流量小的特点	1) 主站巡检终端重要信息时间应小于 15min；2) 系统控制操作响应时间应小于等于 5s；3) 常规数据召测和设置响应时间应小于 15s；4) 历史数据召测响应时间应小于 30s；5) 系统对客户侧事件的响应时间应小于等于 30min

2. 通信设备选择

目前，配电通信网主要有光纤工业以太网、无源光网络和无线公网等方式。其中，无源光网络主要承载用电信息采集类业务通信；配电自动化业务主要根据是否要求三遥，相应选择光纤工业以太网和无线公网。

随着 5G 通信技术的发展，其具有的高带宽、低时延、超低功耗等特性，使得 5G 在配网通信业务中获得越来越多的关注和应用。表 11-11 对 5G 通信与光纤工业以太环网进行了比较。

表 11-11　　　　　　　　5G 与光纤工业以太网对比一览表

对比项目	5G	光纤工业以太网	对比结果
网络质量	高带宽、低时延，网络质量较好，但由于信号靠空气传播，稳定性有待试验验证	标准的以太网接入，且支持QoS功能，网络实时性强，低延时	光纤工业以太网网络质量略优于5G
网络扩容	网络扩容仅需根据增加 5G 终端布点，扩容简便	网络扩容需新敷设光缆，并部署交换机	5G 网络扩容优于光纤工业以太网

续表

对比项目	5G	光纤工业以太网	对比结果
网络安全	信号通过电磁波传播，安全性暂时无法验证	信号承载在有线介质中，不易受外界入侵和干扰	光纤工业以太网网络安全性更高
实施成本	仅需在站点内部署 5G 终端，不涉及外线	N 个节点需要使用 N 条光纤链路	光纤工业以太网实施成本较高
维护成本	仅需维护站内 5G 终端设备	要同时维护站内交换机及外线光缆	光纤工业以太网维护成本较高

由表 11-11 可见，光纤工业以太网更契合钻石型城市配电网，因其对配网通信网的稳定性、安全性要求更高。

同时，根据钻石型城市配电网一次架构及业务数据流向，各配网节点设备选型建议如下：

（1）变电站作为汇聚点，整站配置 1 台 16 光 4 电的配网三层交换机，每条出线配置 4 光 4 电的二层交换机。

（2）开关站内每个电缆环网出线配置一台 4 光口 4 电二层交换机；整站配置一台 4 光口 20 电二层交换机；4 光 20 电二层交换机的电口接入 4 光 4 电二层交换机的电口，4 光 4 电二层交换机的光口接入其临近开关站/上级变电站中 16 光 4 电三层交换机的光口。

（3）电缆环网中的 P 型配电站、WH（W-户外站，H-10kV 户外环网装置）环网柜、WX（W-户外站，X-预装式配电站）箱式变电站中根据终端数量配置对应数量的 4 光口 4 电二层交换机。

第五节　小　　结

配电系统的有效性、经济性和可靠性与设备选型、工程实施和网络结构等方面相关。本章基于前文提出的钻石型城市配电网网络结构，根据配电设施设备选择的基本要求，对钻石型城市配电网的一次设备、二次设备的选择进行简单分析，主要结论如下：

（1）现有 110kV 及 35kV 变电站的主接线选择、短路电流水平、过电压保护与绝缘水平、无功补偿方式均可适应钻石型城市配电网所带来的变化。

（2）现有 110kV 及 35kV 变电站对于钻石型城市配电网配置自愈系统保留有相应的空间，自愈测控装置可安装于对应 10kV 馈线柜继保小室面板上；如变电站为多个钻石型主干线电源点，也可将多台自愈测控装置（自愈智能终端装置）

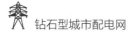

组屏安装于二次设备室，每面屏最多可安装 4 台自愈测控装置。

（3）钻石型城市配电网开关站应配置 400（800）/5A 电流互感器，应尽可能为纵差保护、自愈系统提供独立的电流互感器二次绕组。新建开关站电流互感器应配置 1 个 0.5S 级和 2 个 P 级绕组。对于已投运设备条件受限，纵差保护或自愈系统必须与其他保护测控装置共用电流互感器二次绕组时，应校验并保证电流互感器在不利情况下满足对故障电流测量精度的要求。对于无法单独更换电流互感器的小型化设备，应结合开关柜报废年限对整站开关柜进行改造。

（4）110kV 变电站、35kV 变电站及 10kV 开关站的 380/220V 站用电接线均采用单母线接线；自愈测控装置（自愈智能终端装置）电源取自直流系统，因此需要预留最够的直流馈线断路器，并且根据直流负荷的统计计算修正蓄电池的容量。

（5）对于钻石型城市配电网的通信方式，从稳定性、安全性方面考虑，建议采用光纤工业以太网进行通信。

第十二章 钻石型城市配电网实践

第一节 钻石型城市配电网的适用区域及实施路径

国网上海市电力公司在参考国际先进城市配电网建设经验的基础上，综合国内外典型配电网架构优点，基于以开关站单环网为主的配电网现状，提出了钻石型城市配电网发展建设思路。本书第四章至第十一章充分地分析了钻石型城市配电网具有的安全韧性、友好接入、可靠自愈以及经济高效四大特征，明确了继电保护、自愈系统、设备选型方面的配置原则，综合构建了较为完整的钻石型城市配电网理论体系。因此本章以钻石型城市配电网在上海电网的实践为例，重点介绍钻石型城市配电网的适用区域及实施路径的选择、已投运钻石型城市配电网的新建电网和改造电网案例、主干网自愈系统运维的情况及其注意事项，为钻石型城市配电网的进一步推广提供范例参考和有益经验。

一、适用区域

基于钻石型城市配电网安全韧性、绿色友好、可靠自愈以及经济高效的特征与功能，应针对城市不同功能区域的发展定位、城市区域对供电可靠性和供电安全性的需求、配电网建设改造提升的目标、现有配电网的条件等多种因素，因地制宜地选择钻石型城市配电网的适用范围。

以上海市为例，依据上海国土空间总体规划的城乡体系结构、公共服务中心（城市主中心、城市副中心）的布局、长三角一体化发展战略以及重点开发区域布局，可初步划定钻石型城市配电网建设实践的三类区域范围，并按现状配电网的发展阶段和发展目标，差异化制定三类区域的优先级。

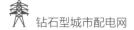

（1）推广区：优先建设改造。包括现状上海的 A＋类地区、A＋类地区外城市主中心地区、虹桥商务区核心区、长三角生态绿色一体化发展示范区的核心区域、临港新片区的核心区域。在推广区内，在改造条件允许的情况下，优先实施钻石型城市配电网的建设改造。

（2）试点应用区：有限建设改造。包括现状 A 类地区、国土空间总体规划中认定的主城片区、郊区新城中的城市副中心区域及其虹桥商务区、长三角生态绿色一体化发展示范区城市开发区域、临港新片区内除推广区以外的地区。试点应用区可试点建设改造钻石型城市配电网。

（3）控制区：控制改造。包括除推广区、试点应用区以外的地区。除存在一级及以上重要用户外，原则上控制实施钻石型城市配电网的建设改造。

可见，上海钻石型城市配电网的主要适用区域是中心城区以及国家级重点开发区域等；其次是试点应用区，根据需要对该区域的配电网进行合理的建设改造；最后是控制区，原则上近期不建议实施钻石型城市配电网的建设改造。

因此，基于上海的经验，建议钻石型城市配电网的实践首先在如下区域开展：

1）直辖市、省会城市的主城区或一般城市的中心城区；

2）城市开发边界内供电区域类型为 A＋、A 类区域；

3）城市中国家相关发展战略的实施区域；

4）除以上 3 点外区域，可选择城市开发边界内高可靠性需求特定地区（如城市副中心、政府行政中心等）、含有特级或一级重要用户地区、变电站之间负载率极不平衡地区规划建设或改造为钻石型城市配电网，具体可参见后续的电网改造策略中的详细说明。

二、实施路径

钻石型城市配电网的实施路径可从电网规划、新建电网、电网改造三个方面的开展具体分析。在电网规划方面，需强调适用范围的目标网架结构应按钻石型城市配电网绘制"一张蓝图"；在新建电网方面，应考虑如何配合城市发展建设过程，逐步建设钻石型城市配电网，避免建设过程中重复改造；在电网改造方面，需针对现状配电网提升要求、用户供电可靠性需求等因素，进一步明确改造具体区域或线路，并且按现状各种配电网的接线情况，定制改造为钻石型城市配电网的实施模式。

以上海电网为例，可制定以下钻石型城市配电网的实施路径。

（一）电网规划全覆盖

基于网格化规划思路，根据配电网供电区域分类、用地性质的差别以及开发程度的深浅，把待规划区域划分为若干个片区，在不同的区域布局合适的中压网架结构，再延伸至高压配电网结构和布局，兼顾通信、配电自动化等内容，最终完成规划目标并与规划区域的发展保持均衡。

因此在图 12-1 中的推广区和试点应用区，10kV 电缆主干网宜按开关站双环网接线作为目标网架结构，并以网格化理念规划高压配电网目标电网，有效控制开关站及线路通道资源，为钻石型城市配电网的全面建设奠定基础。

（二）新建电网大力推广

在具备建设条件时，可结合新建居民小区供电配套工程、非居民用户业扩工程，并配套相应的电网基建工程❶。新建 10kV 电缆主干网宜按开关站双环网一次建成，建设实施路径如图 12-1 所示。

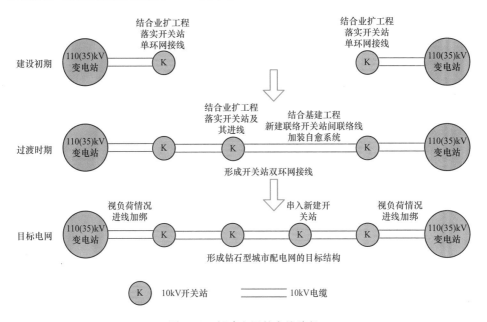

图 12-1　新建电网的实施路径

建设初期：可按现行 10kV 配电网建设的成熟模式，结合新建居民小区供电配套工程、非居民用户业扩工程落实建设开关站，构建开关站单环网接线。

过渡时期：结合新建居民小区供电配套工程、非居民用户业扩工程，落实第三座开关站，建成开关站双环网接线，并加装自愈系统。

目标电网：结合新建居民小区供电配套工程、非居民用户业扩工程，陆续新

❶　如开关站之间联络线路新建工程、电缆通道新建工程等。

建开关站，串入已建双环网，视线路负荷情况同步实施开关站进线的加绑。

（三）有序开展电网改造

1. 电网改造策略

原则上 B 类地区中镇级地区中心、住宅区、工业区、城市建设边界以外地区、C 类全部地区应合理控制钻石型城市配电网的改造。

针对钻石型城市配电网的特征及优势，符合以下情况的部分区域可先改造为开关站双环网接线：

（1）行政区政府所在地，开关站所供用户主要为政府行政机构时，开关站电源进线可与周边开关站改造为双环网。

（2）在城市总体规划中认定的城市副中心内核心区域（中心商务区或商业区），可改造为开关站双环网。

（3）开关站向重要用户（一级重要用户）供电时，开关站电源进线可与周边开关站改造为双环网。

（4）城市副中心供电网格内站间负荷转移能力低于 30%。

（5）城市副中心供电网格内解决变电站之间负载率存在不平衡，且一座变电站存在重载或超载。

2. 电网改造方式

基于上海 10kV 现状电缆网的典型接线模式，钻石型城市配电网的改造主要有以下三种情况：

（1）单侧电源开关站单环网接线的改造。

现状 10kV 电缆主干网为单侧电源开关站单环网接线，改造实施路径如图 12-2 所示。

改造内容：已建线路全保留，站内并接 8 处，变电站出线改接线路 4 回，新建线路 2 回，新建或占用电缆通道 3 处。

改造成效：占用变电站间隔 8 个减少至 4 个，站间负荷转供能力由 0% 提升至 100%。

（2）单侧电源和双侧电源开关站单环网混合接线的改造。

现状 10kV 电缆主干网为单侧电源和双侧电源开关站单环网混合接线，改造实施路径如图 12-3 所示。

改造内容：已建线路全保留，站内并接 8 处，变电站出线改接线路 4 回，无新建线路，新建或占用电缆通道 4 处。

改造成效：占用变电站间隔 8 个减少至 4 个，站间负荷转供能力由 50% 提升至 100%。

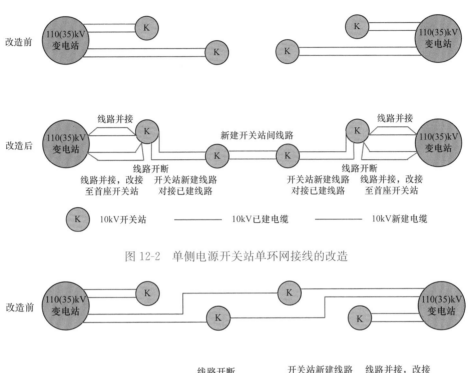

图 12-2　单侧电源开关站单环网接线的改造

图 12-3　单侧电源和双侧电源开关站单环网混合接线的改造

（3）开关站供开关站的单环网接线改造。

现状 10kV 电缆主干网为开关站供开关站的单环网接线，改造实施路径如图 12-4 所示。

改造内容：已建线路全保留，线路加绑 4 回，无改接线路，新建线路 2 回，新建或占用电缆通道 3 处（两端线路加绑新建或占用通道 2 处，中间段联络线路新建或占用通道 1 处）。

改造成效：占用变电站间隔不变，站间负荷转供能力由 0% 提升至 100%。

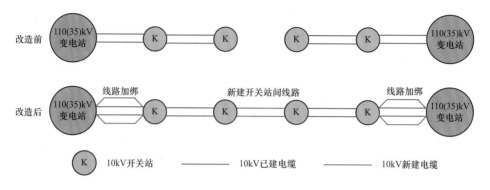

图 12-4 开关站供开关站的单环网接线改造

第二节　钻石型城市配电网实践案例

一、电网规划

（一）典型供电网格钻石型城市配电网规划

1. 规划背景

为贯彻高质量发展理念，落实国网上海市电力公司 2019 年"两会"重点工作部署和要求，优化调整规划发展思路，细分规划单元，提升精准规划和精准投资水平，浦东公司于 2019 年初开展城市电网规划工作。

2. 规划范围

规划范围为浦东供电公司供电范围，总面积为 1373.82km²。

3. 钻石型城市配电网的应用

浦东新区地域面积广阔，供电区域涵盖 A+、A、B 三类，对于不同供电区域的 10kV 配电网提出不同的建设目标。

某 A+、A 类地区，以建设钻石型城市配电网为目标，远景目标网架采用全电缆建设，10kV 主干网接线模式采用"以开关站为节点的双环网"接线。

浦东典型 B 类区域远景 10kV 配电网接线如图 12-5 所示。由于 B 类地区负荷密度较低，远景变电站及开关站布点稀疏，不足以支撑钻石型城市配电网的全面建设，因此针对 B 类地区内有条件的地区（集建区），远景 10kV 主干网主要采用开关站单环网接线，并提出了当双侧电源开关站比例高于 50% 时，对于城市建设的核心区域或供电可靠性需求较高区域可适量采用开关站电缆双环网接线，而对于负荷密度较低的地区远景仍采用架空线供电，接线模式采用多分段适度联络。

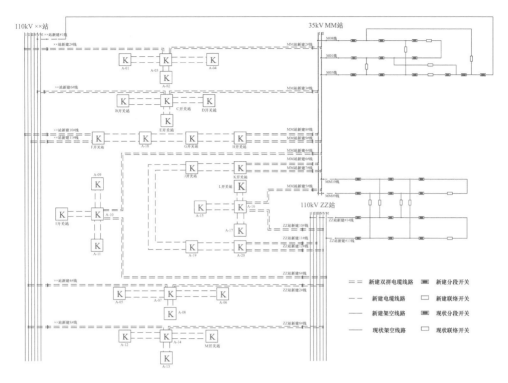

图 12-5 浦东典型 B 类区域远景 10kV 配电网接线

（二）典型架空线入地专项规划

1. 规划背景

由于历史原因，上海内环线内约 71% 的道路仍保留有架空线路，已不适应上海宜居城市的发展需求，特别是借杆架线现象日益严重，出现了各类线网冗余盘绕、松散坠落、飞线上墙上树等现象，即影响了市容景观，也存在安全隐患。

贯彻习近平总书记提出"城市管理应该像绣花一样精细，努力让城市更有序、更安全、更干净"的工作要求，上海市政府颁布了《上海市架空线入地和合杆整治三年行动计划》（简称三年行动计划），将架空线入地作为近期上海市最重要的 13 项工作之一。国网上海市电力公司积极响应市政府的号召，协同政府各职能部门和区政府，有序推进架空线入地的各项工作。

此次架空线入地行动可以有效落实中心城区内以往难以获得的开关站、配电室站址和电力电缆通道资源；并按远景目标电网的要求，开展网架结构整体优化，进一步提升上海中心城区供电可靠性，因此国网上海市电力公司编制了《上海市架空线入地区域配电网专项规划》，提出了科学、有序、精细的架空线入地

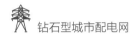

方案。

2. 规划范围

架空线入地规划涉及三个区域，分别为远景规划区、现状 110kV 及以下架空线涉及区域以及 2018—2020 年架空线入地规划区域。

远景规划区域范围：上海市内环线以内、重要区域内部分路段以及内外环线间射线主干道所涉及的区域，包括内环线以内所有市政道路，道路总长度约 900km；重要区域内部分路段及内外环线间射线主干道，道路总长度约 346km。

现状 110kV 及以下架空线涉及区域：远景规划区范围中现状已建 35kV 架空线、10kV 架空线、低压架空线的区域。

2018—2020 年架空线入地规划区域：按上海市政府的要求，2018—2020 年完成内环线内、重要区域、风貌道路内主次干道和内外环线间射线主干道上架空线入地，道路总长度约 470km，入地所涉及区域为 2018—2020 年架空线入地规划范围。

3. 钻石型城市配电网的应用

考虑架空线区域主要为 A＋类区域及上海发展重点区域，在远景配电网规划均采用钻石型城市配电网的开关站双环网接线。

10kV 开关站及配电室、环网室规划：远景共新建 10kV 开关站 1618 座，其中内环线内区域新建 1058 座、重要区域部分路段及射线主干道沿线区域新建 560 座；新建 10kV 配电室 7228 座，其中内环线内区域新建 5037 座、重要区域部分路段及射线主干道沿线区域新建 2191 座。

10kV 网架规划：10kV 电缆网主干网采用双侧电源的开关站双环网接线模式，10kV 电缆网次级网采用开关站供出双侧电源的配电室或环网室双环网接线、配电室或环网室单环网接线和配电室或环网室辐射接线模式。远景共新建 10kV 主干网线路 3702 回，线路长度约 3276km；新建 10kV 分支网线路长度约 4963km。

二、新建电网

新建电网的实践案例以某商务区为例。

（一）建设背景

该商务区是青浦区"一城两翼"重大发展战略"东翼"的承载者，承东启西、东联西进，将成为青浦未来经济发展中的重要新"引擎"，成为青浦区服务上海、联动长三角、辐射亚太的重要平台。

为了使该商务区网架结构坚强可靠、调度运行简便灵活、投资网损经济节约，上海青浦供电公司开展了该商务区的钻石型城市配电网建设。

（二）钻石型城市配电网规划

青浦供电公司于 2019 年中开展该商务区配电网网格化规划，规划结合青浦区电力需求发展变化的新特点、新要求及电网建设过程中遇到的新问题进行了分析。

在该商务区配电网网格化规划方案中，远景目标网架采用钻石型城市配电网的开关站双环网接线，共规划有 10kV 线路 80 条，其中公用线路 76 条，形成 19 组以开关站为节点的双环网接线，并同步配置自愈系统。

（三）建设成果

2018 年，青浦公司按照国网上海市电力公司架空线入地工作的统一部署，坚持最高的标准、最优的方案、最新的技术、最精的组织、最严的纪律，众志成城、努力拼搏，顺利完成了架空线入地任务。

本次架空线入地工程，不仅实现架空线有序、科学地入地，满足了商务区的供电需求和世界一流城市配电网示范区建设要求，同时为满足周边地区对高供电可靠性和负荷转移能力的需求，依据架空线入地配电网专项规划和目标网架规划，在架空线入地工程中建设了 4 个双环网结构并率先同步配置自愈系统，涉及 10 座 10kV 开关站，实现了钻石型城市配电网的典型应用，形成钻石型城市配电网雏形。

随着中国国际进口博览会的多次顺利召开，青浦供电公司结合新建 110kV 输变电工程配套出线工程提出了进一步的钻石型城市配电网建设方案，将进一步提升该商务区的供电安全性和供电可靠性。

（四）建设效果

青浦供电公司在该商务区实施的钻石型城市配电网的建设，充分验证了钻石型城市配电网所具有的优势。

（1）提高供电可靠性：通过自愈系统，可自动隔离故障设备并"秒级"恢复非故障设备的供电。

（2）提升供电安全性：形成多方向的负荷转移通道，能够支撑变电站满足检修情况下的 N-1，10kV 主干网也满足检修情况下的 N-1。

（3）有效平衡变电站负荷：平衡了 110kV 1 号变电站与 35kV 1 号变电站的负荷，变电站负载率差值由 42% 下降为 22%。

（4）降低电源间隔占用：比开关站单环网减少利用了 4 个间隔。

（5）具备投资经济性：对比双侧电源单环网设计，采用钻石型城市配电

网变电投资有所增加，但电缆线路建设规模降低，总投资比双侧电源单环网接线减少约 150 万元。

三、改造电网

改造电网的实践案例以上海中心城区已建单侧电源单环网接线改造工程为例。

（一）改造背景

改造前该区域已建有 4 座开关站，采用单侧电源开关站单环网接线，电源分别来自 2 座 110kV 变电站和 1 座 35kV 变电站，如图 12-6 所示。

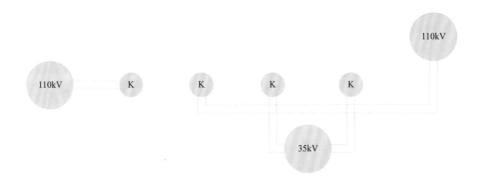

图 12-6　中心城区改造电网现状接线图

该区域的 35kV 变电站与 110kV 变电站负载严重不平衡，其中 35kV 变电站负载率已达 70％且无可利用间隔，110kV 变电站负载率不足 30％；共占用变电站出线间隔 8 个，间隔占用较多；该区域网架满足正常方式 N-1，但不满足检修方式 N-1；变电站之间没有负荷转供能力，在变电站全停的情况下将导致全部负荷失电。

（二）改造方案

针对该区域现状网架结构存在问题，初步提出了 3 种网架改造方案，如图 12-7 所示。方案一是将单环网单侧电源供电改造成双侧电源供电；方案二是将单环网改造成单花瓣接线；方案三是将单环网改造成钻石型城市配电网。

（三）改造方案技术经济对比

方案一的改造虽然能够降低 35kV 变电站负载率，但负载率降低幅度有限，且仍不满足检修方式 N-1，不减少变电站间隔占用。

方案二将接线改造成单花瓣接线后，将 35kV 变电站所供开关站负荷全部割接至 110kV 变电站，能够大幅度降低 35kV 变电站负载率至 48％，但改造投资也相应大幅增加，较钻石型城市配电网高 111％，如表 12-1 所示。

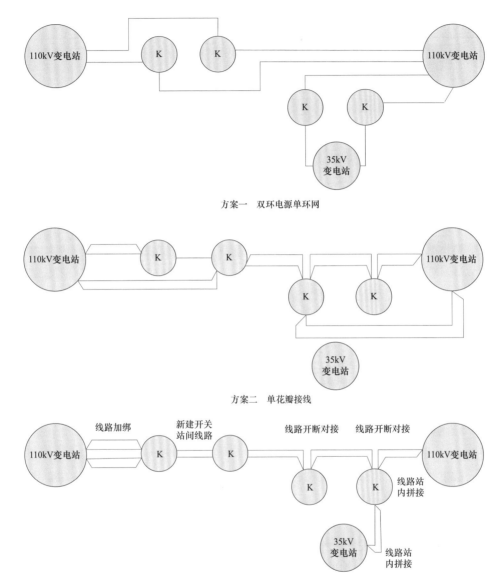

方案一　双环电源单环网

方案二　单花瓣接线

方案三　钻石型城市配电网

图 12-7　中心城区电网改造方案

　　方案三是将案例的现状开关站单环网改造成钻石型城市配电网，可有效利用原单环网中的开关站和进出线，在基本保留已建电缆网的基础上，通过站内线路拼接、已建线路开断改接、线路加绑等方式即可完成改造，因此改造投资最低，约为 360 万元。

表 12-1　　　　　　　　　改造方案技术经济比较

接线模式	安全性	35kV 变电站负载率	占用间隔（个）	新建电缆（m）	改造投资（万元）
单环网双侧电源	不满足检修方式 N-1	59%	8	3200	384
单花瓣接线	不满足部分情况下检修方式 N-1	48%	4	6330	760
钻石型城市配电网	满足检修方式 N-1	48%	4	3000	360

而对于现状以环网站为节点的常规双环式接线，可通过将环网站改造为开关站并加装自愈装置，实现钻石型城市配电网的升级改造。

（四）改造成效

该区域电网改造成钻石型城市配电网后，10kV 主干网满足检修方式下 N-1；变电站站间负荷转供能力提升 21.1%；35kV 变电站负载率下降至 48%，110（35）kV 变电站 10kV 出线间隔占用由 8 个减少为 4 个，解决了 35kV 变电站供电能力和出线间隔不足的问题。钻石型城市配电网改造方案保留了约 86% 的现状电缆，新建电缆长度仅为建成后电缆总长度的 34%，具有较好的投资经济性和可实施性。

四、架空线入地工程

架空线入地工程的实践案例以市区公司虹桥路架空线入地改造工程为例。

（一）项目概况

2018 年上海市政府正式启动上海中心城区架空线入地和合杆整治工作，计划到 2020 年完成全市重要区域、内环内主次干道以及内外环间射线主干道约 470km 道路架空钱入地和合杆整治。作为架空线入地的主战场，市区公司坚持入地工程高标准设计、高质量施工。钻石型城市配电网也迎来了在中心城区落地生根的首轮机遇。

遵照钻石型城市配电网设计理念，市区公司按照入地道路的自身情况，"一路一方案"深化技术经济比选，探寻可行性方案的最优解。政府主管部门在此过程中积极协助落实建设开关站土建，提供了宝贵的电站站址资源。经过 1 年多的努力，市区公司已经成功完成 52km 道路撤线拔杆，建设 10kV 开关站 31 座，形成钻石型城市配电网 8 组。在达到道路环境更整洁、空间视觉更靓丽目标的同时，通过钻石型城市配电网实践精准投资、以合理的经济代价获取电网的高可靠性，实现中心城区电网可持续性地升级改造。

（二）工程概况

位于上海中心城区西大门的虹桥路始建于 1901 年，至今拥有近 120 年历史，沿线是颇具海派别墅特色的历史文化风貌区。在市政府三年行动计划的号召下，上海市长宁区于 2018 年将虹桥路从凯旋路至外环线全长 8.6km 列入首批入地计划，打造更为纯粹的虹桥路历史文化圈。

虹桥路入地分为西、中、东三段 10kV 架空线入地工程。改造工程新建 10kV 电缆 61.7km，拆除原有 10kV 架空线 16.1km，拆除原有电力设施 18.2MVA，新建 10kV 开关站 10 座，配电室、箱式变电站 20 座。改造工程完成后共形成 3 组双环网。

（三）入地工程分析

若沿袭传统技术原则，初选方案一采用中心城区常用的双侧电源单环网接线设计，该方案 10kV 电缆的建设规模约 62.2km；初选方案二采用郊区常用、更为经济的普通单环网接线设计，该方案 10kV 电缆建设规模约 55.1km。

若引入全新的钻石型城市配电网设计理念，则改造方案共需新建 10kV 电缆 61.7km，组建 10kV 开关站双环网 3 组。对比方案一和方案二，可以发现钻石型城市配电网设计并没有明显增加投资，与中心城区常用的双侧电源单环网方案在总投资上相差无几，甚至降低了 0.2%；与普通单环网接线方案相比投资略有增加，提高了 2.6%。

但钻石型城市配电网设计构建了 6 回变电站间负荷转移通道。在紧急情况下易于调整电网运行方式、短时恢复用户供电，改善了虹桥路周边用户的用电体验。同时，钻石型城市配电网设计节省了变电站的间隔资源，缓解了变电站出站瓶颈通道的紧张局面，降低了工程建设实施难度，为按期实现撤线拔杆提供了条件。此外，针对长期困扰调度运行人员的变电站夏季重载问题，钻石型城市配电网设计方便电网调度部门根据变电站负载情况实时调整负荷分配。

因此，规划人员最终决定在虹桥路入地工程中采用钻石型城市配电网设计方案。2019 年工程全线建成后，虹桥路沿线景观显著改善，历史文化韵味更加浓厚。更重要的是，在建成后的首次夏季用电高峰，虹桥路沿线 6 座变电站均未出现主变压器重载，也未发生停电事件。

第三节　钻石型城市配电网自愈系统运行维护

钻石型城市配电网自愈系统运行维护以上海青浦西虹桥地区为例展开说明。

一、自愈系统现状

为加快推进世界一流城市配电网建设，优化配电网结构，2018 年 5 月，依据架空线入地配电网专项规划和目标网架规划，青浦公司在西虹桥区域 5 项架空

线入地工程中规划建设了 4 个以开关站为核心的双侧电源双环网,并同步配置 8 串自愈系统。同时,随着区域配电网的建设不断推进,将周边新建的开关站串入已投运的双环网自愈系统中,目前共形成 8 串自愈系统,每串自愈系统包含 2~5 座开关站不等,共涉及 13 座开关站、3 座 110kV(35kV)变电站。

自 2018 年 11 月投运以来,青浦电网 10kV 双环网自愈系统已安全稳定运行两年半有余,未发生过保护动作情况,满足了进口博览会周边地区对高供电可靠性和负荷转移能力的需求,有力保障了三届进博会的顺利召开。

二、安装调试情况

(一)整定单编制

青浦 10kV 双环自愈装置为南瑞继保设备,为分布式结构,无主站;定值配置如下。

(1)线路保护:两侧电源出线配置纵差保护和后备过流、零流保护(如为小电阻接地);开关站之间联络线路仅纵差保护(如为小电阻接地,则需保护装置开通零差保护)。

(2)自愈保护:10kV 自愈保护动作时间为 1s(早于相关自切保护动作时间);各开关站的自切时间为 1.5s(晚于自愈时间,并有闭锁关系);无压跳闸时间为 3.3s,跟电源站 10kV 自切配合,晚于自切时间动作。

(3)开关站母线多方协商后不配置母差保护。

(二)安装调试

1. 自愈系统调试前工作

自愈系统调试前需要满足一定的工作条件。一是在一次系统网架结构中,两端电源站与中间站已通过线路连接构成链式双环网结构,每个单环的中间站具有环进和环出两个间隔。二是每个站点的自愈系统装置及其屏柜已到达工作现场并安装就绪。三是自愈装置间的物理通信满足要求。

2. 自愈系统新装

(1)作业安全和风险。为保证负荷的正常供电,电源站和中间站的站内设备多为运行状态,需要做好相应的安全措施,调试人员应具备足够的危险点辨识能力。110kV 自愈系统调试时,中间站为单主变压器运行,10kV 母线为并列运行状态,具有一定的失电风险。

(2)自愈保护调试难度大。不同于常规的单一装置调试,自愈保护调试涉及上下级多个装置的配合,具有工作原理复杂、协调配合困难等问题。针对这些问题,需要组织技术人员进行专业培训,研读自愈保护的说明书等相关资料,学习自愈调试的理论工作，然后编写自愈系统调试方案，制定合理的调试流程，确保自愈系统调试现场工作的有序进行。

（3）现场调试工作量大。具体有以下五个方面：一是单个自愈装置站内调试，主要包括自愈装置的信息采集、二次回路验证和定值校验。二是自愈装置间的信息传输，如自愈子站向自愈主站上送状态量信息，自愈主站向自愈子站发送跳合闸命令等。三是自愈系统功能校验，需检验整个自愈系统的运行状态和自愈系统动作的正确性，包括充放电试验、故障模拟及整组试验。四是自愈系统整体检查，自愈系统功能调试结束后，对整个自愈系统的一次串供回路、二次状态和自动化信号进行确认，满足送电要求。五是自愈系统带电故障模拟，由运行人员和调试人员配合，模拟线路带电运行状态下发生故障时，自愈系统的动作情况。在上述调试工作完成且正确无误后，自愈系统方可投入运行。

以一个双环内 2 个变电站，3 个开关站为例，除本站的调试工作量外，联调需要运检部同时在每个节点站（5 个点）各派两人，并对所有运行方式（不同节点开断）开展所有故障内容的调试。目前采取的方式是对正常运行方式进行所有故障内容的调试，并对每种其他运行方式各挑选 1～2 种故障内容进行调试，这样仍然需要两周的验收调试时间，大大占用了运检部二次运检班的人力资源，会造成这两周基本无法安排其他稍大工程二次设备的验收工作。

3. 原自愈系统中串入新节点

当原自愈系统串入新的节点时，需对原自愈系统进行相应的调整。自愈系统的结构应和一次系统网架保持一致，对自愈装置的配置和参数进行修改，通常由自愈装置厂商完成。同时，需要重新编写自愈系统调试方案，并进行自愈系统的现场调试工作，因与新装自愈系统的调试工作相同，不再详细展开。

以原有一个双环内 2 个变电站，3 个开关站为例，加入第 4 个开关站，则联调需要运检部同时在每个节点站（6 个点）各派两人，并对所有运行方式（不同节点开断）开展所有故障内容的调试，因此工作量相当巨大，需要两周的验收调试时间，大大占用了运检部二次运检班的人力资源，会造成这两周基本无法安排其他稍大工程二次设备的验收工作。

三、检修维护情况

（一）日常巡视和检验

自愈系统投入运行后，由运行人员开展日常巡视，检查自愈系统的运行情况。检查内容主要包括自愈系统串供回路上开关位置、开环点状态，自愈装置的运行状态，二次功能压板、综合自动化信号等信息，以确保自愈系统的正常

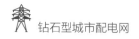

运行。

自愈系统的定期检验，整个串供回路的一次设备需要满足停役要求，检验工作与安装调试工作相同，因此定期检验工作的开展难度较大。

（二）故障抢修

从自愈系统运行一段时期来看，自愈装置信息采集和保护功能的故障较少，故障主要集中在自愈装置间的通信方面。自愈装置的通信元件故障时，引起光纤通信断链，影响自愈系统的正常运行。站外的光纤通道发生故障，同样引起整个自愈系统放电。

故障抢修难度大。自愈系统发生故障后，运维抢修人员首先要检查每个自愈装置运行状态，分析引起故障的原因，进而确定故障点和解决方案。由于自愈系统涉及站点多，且不能同时掌握各个自愈装置的运行情况；因而运维抢修人员在查找、分析和解决故障时，需要在多个站点间多次往返，尤其自愈系统涉及多个管辖单位时，需要不同单位抢修人员的协调配合。

第四节　小　　　结

本章介绍了钻石型城市配电网适用区域及实施路径，以上海钻石型城市配电网建设改造为例，给出了新建电网和改造电网的实例，并介绍了钻石型城市配电网的运行与维护，主要结论如下：

（1）从新建电网来看，钻石型城市配电网可继承现有配电网建设的成熟模式，结合新建居民小区供电配套工程、非居民用户业扩工程，配合少量电网基建工程，实现配电网过渡不出现重复建设，新增开关站环入便利的特点，同时可灵活控制线路负载率，控制环入开关站的数量，提供了线路运行经济性优化手段。

（2）从改造电网来看，已建线路可全保留或多数保留，避免了电网"大拆"；在新建或改造少量线路甚至不新建线路的情况下，可将现状配电网接线改造优化为钻石型城市配电网，避免了电网"大建"，并且从实例分析中也验证了钻石型城市配电网的技术经济优于双侧电源的单环网接线和单花瓣接线。

（3）钻石型城市配电网具备易于实施的特性，从上海的案例可以看出当区域内开关站数量达到一定规模后，钻石型城市配电网的技术经济优势更会体现出来，上海已进入建设钻石型城市配电网合适的窗口期。

第十三章　总　结　和　展　望

第一节　总　　结

随着中国城市建设步伐不断加快，城市配电网作为城市坚实可靠的能源基础，为实现产业的节能健康发展，加速经济结构的转变，实现对社会环境和生产环境的改善，提升能源资源的利用率，减少能源的消耗，减轻碳的排放，建设世界一流城市提供了有力的支撑。

本书立足于中国城市发展历程和城市配电网的基本特点，分析了城市配电网建设面临的新挑战，构建城市配电网建设目标与思路。以国内外部分城市配电网的典型接线模式为例，针对当前城市配电网建设中存在的主要问题，提出了钻石型城市配电网的概念，并对其结构和技术特征进行了分析。

钻石型城市配电网因其拓扑结构与"钻石"极为相似而得名，具有安全韧性、友好接入、坚强可靠以及经济高效的特点。钻石型城市配电网的结构突破了开关站长链式接线保护配置的瓶颈，具备网络故障的秒级自愈能力，为打造智慧可靠的配电网提供了坚实的基础架构；钻石型城市配电网可以精准缩小故障范围，以多方向、多方式的负荷转移手段，在变电站间构筑了一道站间负荷转移通道，适应应急情况和极端情况下电网韧性的需求，有效提升供电可靠性，对韧性电网的防御力及恢复力起到了有效的支撑作用。

钻石型城市配电网在分布式电源接入和用户接入方面也具有明显的优越性。由于钻石型城市配电网中开关站进出线配置了全断路器和全纵差保护，可避免分布式电源和微电网接入引起的对现有继电保护的调整，以及保护的拒动和误动问题,并且能够控制故障后的停电范围,避免影响范围扩大,可以支持各类分布式电源在几乎不改变配电网原有网架和保护配置的情况下直接接入,具备"即插即用"特征。在用户接入方面,钻石型城市配电网构建了一个"以用户为中心""不停电"的网架结构。钻石型城市配电网在用户接入的便利性、适应性、建设难度和用户投入等方面均优于传统双环网,有利于营商环境的提升,同时在用户接入时无需改变主干网架、不产生停电时间,避免了用户接入对电网网架结构和供电可靠性的影响。

钻石型城市配电网主干网和次干网的设备选择、继电保护及自动装置的配置方案、主干网分布式自愈逻辑以及次干网FA故障处理逻辑也都在本书进行了详细的介绍。本书最后还从电网规划、新建电网、改造电网和架空线入地工程四个方面介绍了钻石型城市配电网在上海的建设实践。

第二节　展　　望

2021年3月15日,中央财经委员会第九次会议上强调中国要构建清洁低碳安全高效的能源体系,控制化石能源总量,着力提高利用效能,实施可再生能源替代行动,深化电力体制改革,构建以新能源为主体的新型电力系统。因此以能源多元化、清洁化为方向,以优化资源结构、推进能源战略转型为目标,以清洁能源智能电网为特征的新一轮能源变革正在全球范围内深入推进。

2021年之后是电网发展方式实现全面转变的关键阶段,钻石型城市配电网的提出和建设实践,恰好在建设新型电力系统的框架下,把握住了未来城市配电网的发展趋势,有利于引领和支撑城市配电网更好更快发展。下面仅从推动城市能源互联、促进能源网络转型和支撑智慧城市建设、实现可持续发展两个角度抛砖引玉,说明钻石型城市配电网在未来城市配电网的建设和发展中的一点支撑作用。

(一)推动能源智能互联,提升电网安全防御水平

1.能源的综合利用更智能、更高效

在"双碳"目标的推动下,中国电网电源结构将面临进一步的改善,形成包括煤电、气电、可再生能源发电、抽水蓄能等在内的合理的多样化能源利用格局。新能源发电装机容量占电力总装机容量的比例将大幅提升,分布式风电、光伏发电也将得到进一步商业化应用。钻石型城市配电网具有的灵活友好、即插即用的源荷接纳能力和更为友好的网源协调技术,将为提高多种能源利用能力和利

用效率，实现更智能、更高效的能源综合利用提供有效地支撑。

2. 提高电网安全防御及可靠供电水平

电力供应的持续性和可靠性对社会安定和国防安全有着不可替代的地位。随着全球气候的持续变暖，极端气候事件频繁暴发，自然灾害对电网造成的损失极有可能越来越严重。因此，城市电网需形成多层级的电网安全综合防御体系。

中压配电网是提升城市配电网性能的关键，需要根据不同的区域和用户需要，考虑经济适用原则，选择适宜和标准的模式实现配电系统的快速发展。钻石型城市配电网在建设过程中，通过在源荷的接入、设备选型、负荷转移、继电保护及自动装置配置、网络重构等方面的实践，挖掘其强大的安全可靠供电的功能，再通过对配电网络运行的实时监控和远程操控，以及对电网作业管理和应用分析的加强，实现对城市安全可靠用电的强有力的支撑，从而推动韧性电网从被动防御走向主动、智慧防御，提高电网运行控制水平。

（二）支撑低碳城市建设，奠定未来城市发展基础

城市配电网对城市建设的支撑作用主要体现在促进城市绿色发展、实现城市用电安全可靠、构建城市的神经系统、带动相关企业发展，以及丰富城市服务内涵等方面。钻石型城市配电网在投资、能源及民生等方面都显示出了自己的良好价值，能够在生活和生产等多个领域来支撑城市现代化发展建设。

1. 对城市绿色发展环境的支撑

钻石型城市配电网对城市绿色发展环境的支撑作用重点体现在清洁能源利用方面。钻石型城市配电网全断路器、全互联的分层结构，能够实现清洁能源和电网的即插即用的友好连接，有利于增加清洁能源占比，从而为城市建设发展提供源源不断的绿色动力。未来，逐步打造出一个能够集能源供给、消耗、综合利用为一体的新型电网，提升韧性城市建设的社会示范效果，形成具有地域特色的低碳绿色城市。

2. 为未来城市发展奠定基础

不同类型的城市，不仅是人口规模、地理面积、建设体量的不同，更在全球和国内经济体系中发挥着不同的功能、拥有不同的定位和地位。但是城市无论大小都需要良好的公共服务，且城市规模越大，其交通系统、电力系统和其他公共基础设施供给问题就越复杂，其能够全面抵御自然和城市体量不断增大而带来的各种灾害可能的能力也需不断加强。因此城市电力设施的"韧性"成为城市长期稳定发展的关键，被视为城市最基本也是最重要的功能，更是城市其他功能发挥和增强的保障。

钻石型城市配电网具有安全韧性、友好接入、坚强可靠以及经济高效的特点，可以充分发挥电网资源配置的平台作用，构建出适应大规模新能源发展的配电体系，提升电力系统的调峰能力和灵活调节能力，保障配电网的电力安全可靠和抗灾能力，着力推动源网荷储一体化，提升系统运行效率，满足各类用户多样化用能需求，打造出一批市级、园区级、社区级新型电力系统示范工程，为未来韧性城市的高质量发展建设提供坚实的保障。

附录　城市配电网常见设备设施及相关概念解析

城市配电网直接面向广大电力用户，是供电企业与电力用户联系的纽带。随着社会经济发展和人民生活质量的提高，城市配电网发展规模越来越大，网络结构越来越复杂。为了提高城市配电网的供电可靠性和电能质量，提高对用户的服务质量，提高供电企业自身的经济效益，城市配电网的设施设备或者其功能也发生了变化，具体如下。

一、设施设备

（1）开关站：设有中压配电进出线、对功率进行再分配的配电装置，进出线的开关均采用断路器，相当于变电站母线的延伸，可用于解决变电站进出线间隔数量有限或进出线走廊空间受限，并在区域中起到电源支撑的作用。中压开关站内必要时可附设配电变压器。

（2）环进环出接线：在110kV变电站中，环进环出接线方式得到了越来越多的应用。110kV变电站环进环出接线是一种连接220kV变电站与110kV变电站的接线。一般220kV变电站设有两个，110kV变电站3～4个为一组，经环进环出接线结构与220kV变电站连接，环进环出接线结构为输出线路及输入线路组成循环线路结构。该接线方式具有高可靠性，但在环线上构成多供电点方式，不利于防止发生大面积停电。正常运行时，环式电网开环运行，限制短路容量在电气设备允许范围内，形成多个较为独立的环形结构电网，每片电网电源与负荷基本平衡，正常时各自独立运行，故障时彼此互相支援。

（3）环网柜：用于10kV电缆线路环进环出及分接负荷的配电装置。配电网中安装的分段开关、联络开关等可能是负荷开关或断路器。环网柜中用于环进环出的开关采用负荷开关，用于分接负荷的开关采用负荷开关或断路器。环网柜按结构可分为共箱型和间隔型，一般按每个间隔或每个开关称为一面环网柜。

（4）环网室：由多面环网柜组成，用于10kV电缆线路环进环出及分接负荷，且不含配电变压器的户内配电设备及土建设施的总称。

（5）环网箱：安装于户外，由多面环网柜组成，有外箱壳防护，用于10kV电缆线路环进环出及分接负荷，且不含配电变压器的配电设施。

（6）配电室：将10kV变换为220/380V，并分配电力的户内配电设备及土建设施的总称，配电室内一般设有10kV开关、配电变压器、低压开关等装置。

配电室按功能可分为终端型和环网型。终端型配电室主要为低压电力用户分配电能；环网型配电室除了为低压电力用户分配电能之外，还用于 10kV 电缆线路的环进环出及分接负荷。

二、相关概念

（一）智能电网配电设备

智能电网配电设备在发电环节多指微型燃气轮机、风机、地热发电设备、生物质能发电设备等现代化发电设备以及能够维持电网稳定运行的数字化保护继电器和分接头变化器等智能保护与控制设备，另外还涉及蓄电池和超级电容器等能量储备与转换设备；输配电环节即柔性交流输电系统和智能电网的智能化建设，其中的设备包括固态转换开关设备和固态断路器设备等；此外，变电环节以电子变压器设备为主，能够大大提高智能电网设备的建设质量，维护智能电网的稳定运行。

配电网供电可靠性的提高，离不开高可靠性的配电网智能开关设备。提升配电网智能开关设备的可靠性，是提升配电网供电稳定性的必然要求，也是国家配电网发展的方向。目前，配电网中常用的开关设备主要包括负荷开关柜、断路器柜以及柱上开关设备等。开关控制器主要有配电自动化馈线终端（feeder terminal unit，FTU）、配电自动化站所终端（distribution terminal unit，DTU）等。对于开关设备的可靠性研究有理论研究及实践研究。理论研究侧重于状态监测与故障检测技术，实践研究侧重于实际故障分析。

配电变压器方面，使用节能环保型配电变压器是配电变压器发展的新趋势。通过采用新材料、新技术、新结构、新工艺，配电变压器技术性能水平不断提升。近年来，国内开始大规模应用非晶合金铁芯配电变压器、立体卷铁芯配电变压器、有载调容配电变压器、13 型及以上系列节能配电变压器，运行稳定性及经济效益良好。

近二三十年来，电力电子技术的进步有力地推动了智能电网的建设进程，从而为智能配电变压器的实现奠定了良好的基础。构建智能配电变压器的关键在于利用电力电子技术灵活的电能变换能力，实现一种功能丰富的新型配电变压器。电力电子变压器（power electronic transformer，PET）或称固态变压器（solid state transformer，SST），是一种含有多级变换器单元并通过高频变压器实现磁耦合的新型变压器。其优点在于，高频化能大大减小变压器的铁芯与绕组的体积，从而可以降低电磁装备的制造成本。但是 PET 属于级联结构，其中各级变换器必须承担全部的传输功率，而且接入配电网高压侧的变换器需要承受较高的电网电压，从而导致 PET 对于功率器件的要求较高，可靠性较低。

鉴于 PET 以上缺陷，另有部分学者认为在配电网场合，只须对一部分功率采用电力电子变换器进行调控便足以实现智能配电变压器的诸多功能，从而提出了混合式配电变压器（hybrid distribution transformer，HDT）的概念。HDT是对传统配电变压器进行改造，然后将其与配电网中研究较为成熟的各种电能补偿装置，如有源滤波器（active power filter，APF）、动态电压调节器（dynamic voltage restorer，DVR）、统一电能质量调节器（unified power quality conditioner，UPQC）等相结合而实现的一类新型配电变压器。

电能路由器是实现能源互联网的核心部件，其显著特征在于能够实现集中式主网供电与多种分布式电能供电的协调互补，通常需包含多种类型的电气接口，具备多输入、多输出的电网互联能力。智能配电变压器可看作是电能路由器在配电网中的典型应用。为实现能源互联网发展背景下配电网的智能化升级改造，基于电能路由器的思想与概念，构建新一代智能配电变压器往往更为方便。

（二）配电自动化

为提高配电网运营管理水平和供电可靠性水平，应在配电网一次规划方案基础上考虑配电自动化、配电网通信系统、用电信息采集系统等智能化的要求。配电自动化是提高供电可靠性和运行管理水平的有效手段，具备配电数据采集与监控（supervisory control and data acquisition，SCADA）、馈线自动化、分析应用及与相关应用系统互联等功能，即通过对配电网的监测和控制，实时监控运行工况，能够迅速进行故障研判、隔离故障区段、缩小停电范围并快速恢复供电。

2018 年国家能源部发布《配电网分布式馈线自动化技术规范》（DL/T 1910—2018）规定：分布式配电自动化分为速动型分布式馈线自动化和缓动型分布式馈线自动化。速动型分布式馈线自动化，应用于配电线路分断开关、联络开关为断路器的线路上，配电终端通过高速通信网络，与同一供电环路内配电终端实现信息交互，当线路发生故障，在变电站出口断路器保护动作前实现快速故障定位、隔离，实现非故障区域的恢复供电。缓动型分布式馈线自动化，应用于配电线路分段开关、联络开关为负荷开关的线路上，同一供电环路内的配电终端实现信息交互，当线路上发生故障，在变电站出口断路器保护动作故障切除后，实现故障定位、隔离和非故障区域的恢复供电。

根据《配电网分布式馈线自动化技术规范》（DL/T 1910—2018）的规定，速动型的分布式馈线自动化系统，终端间和终端与主站间的对等通信延时小于20ms，故障上游侧开关隔离完成时间不超过 150ms，遥信上送主站时间小于3s；缓动型分布馈线自动化系统时间相对比较宽松，标准要求对等通信故障信息交互

报文延时时间要求小于 1s，故障上游侧开关隔离时间小于等于 10s，遥信上送主站时间小于 3s。

配电自动化的配置，需根据配电网架结构、配电网供电可靠性要求、配电网负荷位置、配电自动化终端重要性以及"五遥"功能需求等指标科学布局，实现二次配电自动化装置与配电网保护设备、控制设备的互联互通，使配电自动化终端信息能够有效交互。配电自动化终端布局完成后，根据配电网一次网络架构构建通信体系，并完成配电网网架结构与配电自动化终端的协调水平校验，以获取高可靠性、高经济性以及高安全性的配电网规划方案。对关键性节点，如主干线联络开关、必要的分段开关，进出线较多的开关站、环网单元和配电室，应配置"三遥"（遥测、遥信、遥控）配电自动化终端；对一般性节点，如分支开关、无联络的末端站室，应配置"两遥"（遥测、遥信）配电自动化终端，用户进线处应配置分界开关或具备遥测、遥信功能的故障指示器。

配电自动化建设实施前应对建设区域供电可靠性、一次网架、配电设备等进行评估，经技术经济比较后制定合理的配电自动化方案，因地制宜、分步实施。A+、A 类供电区域馈线自动化宜采用集中式或智能分布式，具备网络重构和自愈能力，B、C 类供电区域馈线自动化可采用集中式或就地型重合器式，D 类供电区域馈线自动化可根据实际需求采用就地型重合器式或故障指示器方式，E 类供电区域馈线自动化可采用故障指示器方式。

（三）设备状态监测

电力设备状态监测通过信号传感、数据采集、数据处理等步骤获取设备健康状况相关的特征参数、评价设备状态、预测设备故障，一方面能充分延长健康状况良好设备的停机检修时间，提高设备运行经济性，另一方面能检测出有潜在故障的设备，及时维修，提高设备的可靠性，因此在发电机、变压器、气体绝缘开关、电力电缆等主电力设备中获得了广泛的应用。

当前，针对配电网相关设备状态监测主要存在三种方式：定期监测、在线监测和离线监测。定期监测指的是每隔一定时期会监测配电网相关设备的整体运行情况，获取配电网设备的状态信息，确保配电网设备良好的运行状态。在线监测方式是利用传感器对设备相关运行数据信息加以收集，并针对这些数据信息实施可视化分析，对配电网设备的实际运行状况做出精准判断。离线监测则是通过对红外测温仪等装置的运用，采集配电网设备相关运行数据信息，实施分类保存，相关工作人员可以通过配电网设备历史监测数据信息的调取，分析并判断配电网设备的实际运行状况。

随着电力系统信息化和智能化水平的快速发展，电力设备状态监测类型和监测手段越来越丰富多样。如电力设备监测数据的动态可视化技术通过挖掘电力设备的运行状态监测信息特征，结合信息特征关联挖掘和信号检测方法，进行电力设备运行状态监测信号的传感融合分析和特征提取，实现电力设备运行状态监测和预警；而基于电力物联网的变电站传感监控系统，通过采用红外热成像监测设备实现变电站温度监测，采用温湿度传感器、气体传感器等用于变电站运行环境的实时监控，并通过无线中继器将监控数据实时传输到协议转换器，然后将数据发送到本地变电站监控系统或远程调度自动化系统，实现本地或远程控制；基于大数据技术的运作监控系统则可以实现多元监测集、节点性能监测、运行监控和预警，通过大数据平台决策分析算法，深入挖掘分析海量运行数据，提取设备运行状态特征值，分析故障发生前的特征值变化趋势，实时监控电力设备运行数据的变化情况。

2007 年，国家电网公司系统内全面推行以设备状态为核心的状态检修工作，经过启动准备、试点推广、全面实施、深化提升四个阶段逐步实现设备从定期计划检修到状态检修的模式转变。近年来，随着电网规模不断扩大，设备装机容量的高速增长，以及状态检测技术手段的快速发展，国家电网公司运检部不断推广和应用电网设备不停电检测技术，组织开展了基于不停电检测技术应用的状态检修可行性研究和输变电设备差异化状态检修策略研究等工作。

国家电网公司运检专业初步建立了机器人/无人机巡检与人工巡检互补、专业带电检测与在线监测相结合的设备状态检测模式，通过不断推广和应用电网设备不停电检测技术，显著提高了发现设备潜伏性缺陷的能力；另一方面，大数据、互联网、人工智能等现代信息技术以及新型传感技术的发展，促使电网运检模式乃至整个电网发展模式产生了更深层次的变革。如何抓住"互联网＋"时代机遇，积极发挥不停电检测技术优势，提升其应用广度及深度，从而满足电网运检"精益化"的发展需求，是当前状态检修领域面临的重大课题。

（四）不停电作业

配电设备的施工或检修作业一般有两种作业方式：①停电作业方式，即对需要检修作业的线路或设备停电隔离后再进行施工、检修，作业完成后再恢复供电的作业方式，这是传统的作业方式；②不停电作业方式，即采用对用户不停电而进行电力线路或设备测试、维修和施工的作业方式。

不停电作业方式主要有两种：①直接在带电的线路或设备上作业，即带电作业；②先对用户采用旁路或移动电源等方法连续供电，再将线路或设备停电进行作业。

1959 年至 20 世纪 80 年代，带电作业在中国进入了逐步普及阶段，各地大、中型供电单位相继开展了带电作业项目的开发和工具的研究工作。到 20 世纪 90 年代规范了绝缘手套作业法和绝缘杆作业法在配电架空线路带电作业上的应用。2002 年首次开展架空线路旁路作业，2012 年首次开展了电缆线路不停电作业，2015 年首次开展了高海拔地区不停电作业。鉴于配电线路不停电作业工作的重要性，国家电网公司专门对不停电作业技术的定义、方式方法、作业项目与工作要求进行了明确。

在配电网线路典型设计方面，线路建设标准必须适应不停电作业要求，采用严格的培训体系和可靠性评价机制，全面减少停电计划，把不停电作业作为电网检修的主流手段。配电网典型设计，应该在线路结构、设备选型、现场布置等环节充分考虑开展不停电的可行性和便捷性，预留不停电作业空间。

（五）自愈系统

随着智能电网技术的兴起，具有自愈特性的智能配电网越来越受到关注和重视。电网的自愈是指其在无需或仅需少量的人为干预的情况下，利用先进的监控手段对电网的运行状态进行连续的在线自我评估，并采取预防性的控制手段，及时发现、快速诊断、快速调整或消除故障隐患；在故障发生时能够快速隔离故障、自我恢复，实现快速复电，而不影响用户的正常供电或将影响降至最小。

国际先进的国家很早就开始进行配电网自愈系统的研究。日本配电网自愈技术经历了三个主要阶段：第一阶段是引进配电网线路故障位置检测装置以及配电开关的远程控制终端；第二个阶段则是运用计算机作为自动化调度系统的设备，并开发了一套配电网调度自动化系统；第三阶段采用工作站取代计算机，开发功能更为完善的配电线自动控制系统，并且提供了配电线路的图形显示功能。20 世纪 80 年代末，新加坡电网开始进行自愈控制技术开发，目前其配电网管理系统覆盖了数据采集及监控系统和设备资产管理系统。

实现自愈控制是配电网智能化的重要标志。20 世纪 90 年代末，中国开始进行自愈控制技术研究，先后在国内一些大城市进行了初步的成果开发和工程应用。随着大规模分布式电源、柔性负荷、用户互动负荷等在配电网的渗透率逐步升高，配电网呈现电流多源、双向流动等特点，运行方式日趋复杂多变。当前，基于同步相量测量数据的快速状态估计、精准合环控制、准确故障诊断与定位以及基于孤岛稳定运行控制的故障快速恢复技术的突破，以及大数据、云计算、物联网、移动互联网等相关技术的快速发展与集成创新应用，为智能配电网自愈控制在中国的真正落地实施提供了坚实的基础。

参 考 文 献

[1] 李林. 基于粒子群算法的城市中压配电网架优化规划研究［D］. 北京：华北电力大学，2007.

[2] 徐丹丹. SVC对城市电网动态电压无功特性的影响［D］. 北京：华北电力大学，2007.

[3] 杨玺. 失地农转非居民日常生活信息查寻行为研究［D］. 重庆：西南大学，2014.

[4] 邓莹. 环境规制、城市规模对城市生产率的影响研究［D］. 长沙：湖南大学，2018.

[5] 宋毅成. 中国特大城市金融差异化发展研究［D］. 北京：首都经济贸易大学，2015.

[6] 朱建江. 城镇化地区的划分与统计研究［J］. 统计与决策，2019，35（7）：24-27.

[7] 经济日报. 城市群一体化是高质量发展驱动力［J］. 企业界，2019（4）：70-71.

[8] 吴旭. 赤峰市城市经济发展与电网规划研究［D］. 北京：华北电力大学，2009.

[9] 岑凯军. 浅谈中国城市电网发展历程及规划［J］. 大众用电，2013，29（4）：23-24.

[10] 孙小涵. 提升城市配角电网韧性的研究［D］. 北京：北京交通大学，2019.

[11] 王哲. 配电系统接线模式模型和模式识别的研究与实现［D］. 天津：天津大学，2009.

[12] 董谷媛. 配电网之"梦"［J］. 国家电网，2018（4）：14-19.

[13] 贾巍，雷才嘉，葛磊蛟，等. 城市配电网的国内外发展综述及技术展望［J］. 电力电容器与无功补偿，2020，41（1）：158-168，175.

[14] 王成山，罗凤章，张天宇，等. 城市电网智能化关键技术［J］. 高电压技术，2016，42（7）：2017-2027.

[15] 袁家海，张浩楠. 碳中和、电力系统脱碳与煤电退出［J］. 中国电力企业管理，2020（31）：17-20.

[16] 肖湘宁. 新一代电网中多源多变换复杂交直流系统的基础问题［J］. 电工技术学报，2015，30（15）：1-14.

[17] 王文飞. 稀疏优化在电能质量扰动分析中的应用研究［D］. 重庆：重庆大学，2018.

[18] 肖湘宁，廖坤玉，唐松浩，等. 配电网电力电子化的发展和超高次谐波新问题［J］. 电工技术学报，2018，33（4）：707-720.

[19] 南方电网广州供电局有限公司. 大型城市电网管控：大型城市电网管控模式创新［J］. 中国电力企业管理，2015，（10）：12-16.

[20] 周胜瑜，李梅. 小型城市供电区域划分方法及应用［J］. 大众用电，2017，32（5）：19-20.

[21] 宋云亭，张东霞，吴俊玲，等. 国内外城市配电网供电可靠性对比分析［J］. 电网技术，2008，32（23）：13-18.

[22] 史恒瑞. 配电网形式选择和直流配电网电压等级配置研究［D］. 太原：山西大学，

2019.

[23] 马星河，闫炳耀. 基于灰色多层次分析法的电网电压序列评估 [J]. 水电能源科学，2013，31（05）：212-215.

[24] 范宏，高亮，周利俊，等. 城市电网不同电压等级系列的技术经济比较 [J]. 华东电力，2013，41（3）：491-496.

[25] 杨卫红，李敬如，刘海波，等. 适应和谐社会的城市电力规划 [J]. 电力技术经济，2007（05）：10-13.

[26] 贾鸥莎. 电力发展新形势下城市电网多阶段规划研究 [D]. 天津：天津大学，2012.

[27] 周莉梅，屈高强，刘伟，等. 配电网供电区域划分方法与实践应用 [J]. 电网技术，2016，40（01）：242-248.

[28] 岑楚权. 浅谈提高10kV配网供电可靠性的管理措施 [J]. 今日科苑，2010（17）：110-111.

[29] 耿立卓. 智能配电网状态估计与量测配置 [D]. 天津：天津大学，2012.

[30] 于闯. 沈阳地区10kV配电线路防雷措施研究 [D]. 北京：华北电力大学，2018.

[31] 杜远远. 智能电网中电力设备及其技术发展分析 [J]. 中国新通信，2019，21（04）：38.

[32] 侯慧，曾金媛，陈国炎，等. 配电开关设备及其控制器可靠性研究综述 [J]. 武汉大学学报（工学版），2018，51（7）：627-633.

[33] 张嵩，刘洋，刘丽，等. 关于现代城市配电网设备选型研究述评 [C] //2018智能电网新技术发展与应用研讨会，12，15，2018，南京，中国.

[34] 梁得亮，柳轶彬，寇鹏，等. 智能配电变压器发展趋势分析 [J]. 电力系统自动化，2020，44（7）：1-14.

[35] 钟士元，熊宁，张成昊，等. 配电网网架结构与配电自动化终端协同规划方法 [J]. 电力建设，2020，41（3）：23-30.

[36] 王新炜. 井冈山茨坪城区电网规划及配电自动化建设研究 [D]. 北京：华北电力大学，2015.

[37] 方静，彭小圣，刘泰蔚，等. 电力设备状态监测大数据发展综述 [J]. 电力系统保护与控制，2020，48（23）：176-186.

[38] 谭德军. 关于配网设备状态检修及运维管理的探索及应用 [J]. 科技经济市场，2020（9）：105-107.

[39] 王勇，齐敬先，黄秋根，等. 电力设备运行状态监测数据的动态可视化系统设计 [J]. 自动化与仪器仪表，2019（9）：59-62，66.

[40] 刘喜梅，马俊杰. 泛在电力物联网在电力设备状态监测中的应用 [J]. 电力系统保护与控制，2020，48（14）：69-75.

[41] 陈峥，尹耕，康晓东，等. 基于大数据平台的电力设备运作状态监测系统研究 [J]. 电

力大数据，2019，22（11）：1-7.

[42] 罗军川. 电网设备状态检修技术现状、问题与发展路径 [J]. 中国电业，2019（5）：86-88.

[43] 漆翔宇，漆铭钧，雷红才. 电网设备状态检修发展形势及展望 [J]. 湖南电力，2018，38（3）：1-3，8.

[44] 李天友. 配电不停电作业技术发展综述 [J]. 供用电，2015，32（5）：6-10，21.

[45] 苏梓铭，刘凯，隗笑，等. 配电不停电作业技术现状与发展 [J]. 供用电，2017，34（10）：60-66.

[46] 黄世昌. 东莞市莞城区配电网供电可靠性研究 [D]. 广州：华南理工大学，2017.

[47] 王金丽，韦春元，刘志虹，等. 智能配电网自愈控制技术发展与展望 [J]. 供用电，2019，36（7）：13-19.

[48] 王萍. 基于信息融合的现代配电网管理 [J]. 现代电力，2004（5）：22-25.

[49] 孙小涵. 提升城市配角电网韧性的研究 [D]. 北京：北京交通大学，2019.

[50] 郭焱林，刘俊勇，魏震波，等. 配电网供电能力研究综述 [J]. 电力自动化设备，2018，38（1）：33-43.

[51] 颜晓宇. 10千伏配电网建设优化策略研究 [D]. 上海：上海交通大学，2009.

[52] 史永. 北京城市高可靠性配电网评估方法的研究与应用 [D]. 北京：华北电力大学，2009.

[53] 蒋前，贺静. 新加坡配电网规划方法浅析及上海配电网规划方法优化建议 [J]. 华东电力，2008，36（4）：3.

[54] 马洲俊，程浩忠，陈楷，等. 中压配电网典型网络结构研究 [J]. 现代电力，2013（3）：7-12.

[55] 吴涵，林韩，温步瀛，等. 巴黎、新加坡中压配电网供电模型启示 [J]. 电力与电工，2010，30（2）：4-7.

[56] 朱志杰. 深圳市龙华新区10千伏配网接线模式研究 [D]. 广州：华南理工大学，2013.

[57] 刘明祥，单荣荣，封士永. 一种花瓣式配电网馈线自动化解决方案 [J]. 自动化与仪器仪表，2015（11）：68-69.

[58] 吴良器. 基于系统动力学的城市经济及电网的协调研究 [D]. 北京：华北电力大学，2009.

[59] 顾颖歆. 基于宝应大规模（2.08GW）光伏发电项目接入系统规划研究 [D]. 江苏：江苏大学，2019.

[60] 苏展立. 中山市古镇中压配电网规划研究 [D]. 广州：广东工业大学，2016.

[61] 崔凯，李敬如，赵娟. 法国配电网及其规划管理浅析 [J]. 电力建设，2013（8）：112-115.

[62] 胡列翔，张弘，王蕾，等. 国内外中压电缆网接线模式比较 [J]. 浙江电力，2012，31 (6)：6-8+28.

[63] 刘勇. 智能配电网故障处理模式研究 [D]. 济南：山东大学，2014.

[64] 张会君. 承德地区配电网近期改扩建项目策划与评价研究 [D]. 北京：华北电力大学，2015.

[65] 许雪地. A类供电区域配电网规划技术研究与应用 [D]. 淄博：山东理工大学，2017.

[66] 范宏，高亮，周利俊，等. 城市电网不同电压等级系列的技术经济比较 [J]. 华东电力，2013，41 (3)：491-496.

[67] 成国军. 城市配网规划电压等级合理配置及经济比较 [J]. 自动化应用，2012 (4)：8-10.

[68] 乔东. 新建住宅小区供电设施建设费管理的探索 [J]. 经济师，2013 (8)：103-105.

[69] 张铭泽，仇成，秦旷宇，等. 上海超大型城市配电网安全可靠性提升策略研究 [J]. 供用电，2016 (5)：16-21.

[70] 阮前途，谢伟，张征，等. 钻石型配电网升级改造研究与实践 [J]. 中国电力，2020 (6)：1-7+63.

[71] 申轩，"钻石型"配电网——坚强智能城市电网的上海样板 [N]. 中国能源报，2019-08-12.

[72] 杨锋.《城市可持续发展韧性城市指标》解读 [J]. 标准科学，2019 (08)：11-16.

[73] 阮前途，谢伟，许寅，等. 韧性电网的概念与关键特征 [J]. 中国电机工程学报，2020，40 (21)：6773-6784.

[74] 张文哲，张鸿，陈璞. 为万家灯火保驾护航——新乡供电公司实现连续安全生产 8000 天纪实 [J]. 河南电力，2018 (11)：38-39.

[75] 仇成. 上海 110 (35) kV 配电网供电安全提升策略 [C] //输变电工程技术成果汇编——国网上海经研院青年科技论文成果集. 9-01，2017，上海，中国：51-55.

[76] 张珍珍，程伟. 韧性城市理念下城市减灾防灾规划初探 [C]. 8-27，2019，郑州，中国：1698-1972.

[77] 张浪，朱义. 超大型城市绿化系统提升途径与措施——以解读"关于上海市'四化'工作提升绿化品质指导意见"为主 [J]. 园林，2019 (1)：2-7.

[78] 袁文君. 气候韧性城市的规划响应研究 [D]. 上海：上海交通大学，2018.

[79] 习近平. 关于《中共中央关于制定国民经济和社会发展第十四个五年规划和二〇三五年远景目标的建议》的说明 [J]. 经济，2020 (12)：16-20.

[80] 朱智鹏. 沈阳于洪区配电网智能化改造分析研究 [D]. 保定：华北电力大学，2017.

[81] 丁明，王敏. 分布式发电技术 [J]. 电力自动化设备，2004 (7)：31-36.

[82] 赵海洲. 分布式电源并网对电网负荷预测的影响 [J]. 设备管理与维修，2015 (S1)：32-33.

[83] 叶琳浩. 有源配电网关键运行特性的评价理论与优化提升研究 [D]. 广州：华南理工大学，2018.

[84] 万振东. 考虑大规模风电消纳能力的电网灵活规划 [D]. 上海：上海交通大学，2011.

[85] 朱永强，李翔宇，夏瑞华. 电能质量讲座第一讲新能源并网引起电能质量问题综述 [J]. 电器与能效管理技术，2017 (21)：62-66.

[86] 张璐，朱永强. 第五讲分布式电源并网的谐波问题分析 [J]. 电器与能效管理技术，2018 (1)：84-88.

[87] 孔祥平. 含分布式电源的电网故障分析方法与保护原理研究 [D]. 武汉：华中科技大学，2014.

[88] 彭克，张聪，徐丙垠，等. 含高密度分布式电源的配电网故障分析关键问题 [J]. 电力系统自动化，2017，41 (24)：184-192.

[89] 毕天姝，刘素梅，薛安成，等. 逆变型新能源电源故障暂态特性分析 [J]. 中国电机工程学报，2013，33 (13)：165-171.

[90] 刘素梅，毕天姝，王晓阳，杨国生，薛安成，杨奇逊. 具有不对称故障穿越能力逆变型新能源电源故障电流特性 [J]. 电力系统自动化，2016，40 (3)：66-73.

[91] 李斌，张慧颖，段志田，等. 逆变型电源控制策略对其故障暂态的影响分析 [J]. 电力系统及其自动化学报，2014，26 (12)：1-7，27.

[92] 张健. 逆变型分布式电源故障特性分析及配电网保护策略研究 [D]. 武汉：华中科技大学，2011.

[93] 邱宇晨，张勇，崔蓓蓓. 上海地区分布式电源及其对电网影响初探 [J]. 供用电，2009，26 (3)：16-19.

[94] 田书然. 分布式光伏电源并网发电可行性研究 [D]. 济南：山东大学，2014.

[95] 宗瑾，白恺，刘辉，李智. 分布式发电相关标准及政策综述 [J]. 华北电力技术，2014 (9)：55-60.

[96] 冯世刚. 分布式光伏电源并网典型经验 [J]. 农村电工，2018，26 (07)：37-38.

[97] 程丽敏，曹阳. 分布式光伏发电系统及微型逆变器综述 [C] //2013电力行业信息化年会论文集.11-01，2013，北京，中国：227-231.

[98] 周俊文. 基于分布式电源的低电压治理探究 [D]. 沈阳：沈阳农业大学，2017.

[99] 王路，陈志刚. 分布式电源并网标准简述 [C] //第七届电能质量研讨会论文集. 8-25，2014，成都，中国：64-67.

[100] 吕祖旭，胡永军，胡冰颖. 浅析分布式光伏发电低压并网开关作用 [J]. 科技风，2014 (18)：114-115.

[101] 祁波. 光伏发电并网对配电网保护的影响及改进策略研究 [D]. 北京：华北电力大学，2016.

[102] 阮前途，谢伟，张征，等. 钻石型配电网升级改造研究与实践 [J]. 中国电力，2020，

53（06）：1-7＋63.

[103] 刘波，时盟．基于大数据技术的智能配电网用户接入方案分析［J］．机电信息，2017
（09）：21-22.

[104] 上海市第十四届人民代表大会常务委员会．上海市供用电条例［N］．解放日报，
2016-01-12（015）.

[105] 厉建新．电力改革与峰谷分时电价规制研究［D］．济南：山东大学，2009.

[106] 陈浩．探讨配电网专线接入模式及技术原则［J］．通信世界，2016（24）：233-234.

[107] 王博．大规模配电网快速 N-X 校验方法研究［D］．天津：天津大学，2009.

[108] 秦旷宇．基于增量配电市场目标的产业园区电网规划策略和方法［J］．电力与能源，
2020，41（1）：65-68＋79.

[109] 罗毅莹．肇庆电网 2010—2013 年供电可靠性规划［D］．广州：华南理工大学，2011.

[110] 宋云亭、张东霞、吴俊玲等．国内外城市配电网供电可靠性对比分析［J］．电网技术，
2008，32（23）：13-18.

[111] 吴思谋、蔡秀雯、王海亮．面向供电可靠性的配电网规划方法与实践应用［J］．电力
系统及其自动化学报，2014，26（6）：70-75.

[112] D Subcommittee. IEEE guide for electric power distributionreliability indices：IEEE
Standard 1366-2003［S］．2003.

[113] 李伟丽．中压配电网接线模式可靠性分析研究［D］．北京：华北电力大学，2013.

[114] 何洛滨．含分布式电源的配电网可靠性建模与供电可靠性研究［D］．北京：北京交通
大学，2018.

[115] 王海平．余杭 10kV 配电网可靠性提升措施研究［D］．北京：华北电力大学，2017.

[116] 陆子俊、吴予乐、李玲、孙涛．计及电能质量的供电系统可靠性评价体系研究
［C］//第九届电能质量研讨会，6. 28-29，2018，江苏南京，中国：9-10.

[117] 张俊成．广东配电网架空线路供电可靠率分层分块计算模型研究［D］．广州：华南理
工大学，2017.

[118] 欧阳帆、黄薇、李亦农．新加坡电网规划经验及启示［J］．供用电，2015（03）：20-
25.

[119] 瞿海妮、刘建清．国内外配电网供电可靠性指标比较分析［J］．华东电力，2012，40
（9）：1566-1570.

[120] 卫茹．低压配电系统用户供电可靠性评估及预测［D］．上海：上海交通大学，2013.

[121] 江归安．配电网络可靠性评估研究［D］．南昌：南昌大学，2014.

[122] 潘煜伟．江门电网供电可靠性评估与提升策略研究［D］．广州：华南理工大学，
2015.

[123] 肖春．计及分布式电源的配电系统可靠性研究［D］．太原：太原理工大学，2014.

[124] 曲莹．并网风电场的充裕度评估［D］．太原：太原理工大学，2012.

[125] 肖雅元. 大电网充裕性评估实用化研究及应用 [D]. 武汉：华中科技大学，2016.

[126] 方迪. 配电网可靠性评估与配电终端优化配置研究 [D]. 郑州：郑州大学，2018.

[127] 黄一轩. 10kV 配电网供电可靠性研究 [D]. 广州：华南理工大学，2012.

[128] 曹伟. 10kV 配电网规划的供电可靠性评估和应用 [D]. 长沙：湖南大学，2009.

[129] 王小波. 计及可靠性的配电网全寿命周期成本模型及应用研究 [D]. 重庆：重庆大学，2008.

[130] 黄江宁. 基于蒙特卡罗法的电力系统可靠性评估算法研究 [D]. 杭州：浙江大学，2013.

[131] 宋毅. 电力系统连锁故障机理及风险评估方法研究 [D]. 天津：天津大学，2008.

[132] 张瑶，钟新华，杨昌锋. 环形供配电系统供电可靠性的简便计算方法 [J]. 电工技术，1999 (5)：5-7＋12.

[133] 杨增. 配电网可靠性及网络重构研究 [D]. 郑州：郑州大学，2006.

[134] 谷群辉，罗安，王击，漆铭钧. 一种实用的供电可靠性预测评估算法 [J]. 电网技术，2003 (12)：76-79.

[135] 徐宏海. 东城配电网供电可靠性规划研究 [D]. 广州：华南理工大学，2010.

[136] 张鹏，郭永基. 基于故障模式影响分析法的大规模配电系统可靠性评估 [J]. 清华大学学报（自然科学版），2002 (03)：353-357.

[137] 黄园芳. 供电可靠性预测的研究 [D]. 广州：华南理工大学，2010.

[138] 阮前途，谢伟，张征等. 钻石型配电网升级改造研究与实践 [J]. 中国电力，2020，53 (6)：1-7＋63.

[139] 龚小雪. 含微网配电网络接线模式研究 [D]. 上海：上海交通大学，2012.

[140] 谢义苗，熊颖杰，赖永萍等. 城市配电网高可靠性网架设计方案 [J]. 供用电，2019，36 (12)：55-61.

[141] 盛秋刚，吴万禄，贺静，等. 快速发展地区配电网评估与远景目标网架 [J]. 电力与能源，2013 (4)：338-342.

[142] 马思远，许咏芳. 电网工程项目经济性评价探讨 [J]. 财经界（学术版），2014 (16)：117-118.

[143] 关沛. 城市电网规划项目的经济性分析 [D]. 天津：天津大学，2007.

[144] 宋佳. 公益性建设项目后评价体系框架研究 [D]. 合肥：合肥工业大学，2007.

[145] 罗凤章. 现代配电系统评价理论及其综合应用 [D]. 天津：天津大学，2009.

[146] 葛巍，方剑华. 电网项目前期财务审核实践与思考 [J]. 财经界（学术版），2014 (24)：200-201.

[147] 吉瑞萍. 经济欠发达地区高等级公路分期修建的技术经济分析 [D]. 西安：长安大学，2009.

[148] 李政. 房地产投资项目经济评价指标与方法探讨 [D]. 北京：中国社会科学院研究生

院，2002.

[149] 张志强. 城乡电网改造项目进度管理研究 [D]. 大连：大连理工大学，2005.

[150] 李盛伟. 微型电网故障分析及电能质量控制技术研究 [D]. 天津：天津大学，2010.

[151] 王守相，葛磊蛟，王凯. 智能配电系统的内涵及其关键技术 [J]. 电力自动化设备，2016，36（6）：1-6.

[152] 张越，王伯伊，李冉，等. 多站融合的商业模式与发展路径研究 [J]. 供用电，2019（6）：62-66.

[153] 吴洁，张云，韩露露. 长三角城市群绿色发展效率评价研究 [J]. 上海经济研究，2020，386（11）：48-57.

[154] 牛予其. 智慧城市建设是必然选择 [J]. 中国物业管理，2020（9）：19-19.

[155] 万善良，胡春琴，张玲. 配电网继电保护若干技术问题的探讨 [J]. 供用电，2005（3）：12-15.

[156] 龚亮. 浅析变电站继电保护装置现状及发展趋势 [J]. 北京电力高等专科学校学报：自然科学版，2012，29（6）：73-74.

[157] 刘健，张志华，张小庆，魏昊坤. 保障供电可靠性的自动化装置配置策略 [J]. 供用电，2014（9）：24-27.

[158] 刘健，刘超，张小庆，张志华. 基于供电可靠性的配电网继电保护规划 [J]. 电网技术，2016，40（7）：2186-2191.

[159] 林清雄. 10kV 电力系统继电保护分析 [J]. 科技资讯，2018，16（36）：48-49.

[160] 吴笛. 光纤纵联差动保护在配电线路中的应用 [J]. 大众用电，2013，29（2）：20-21.

[161] 张桂珠，何琰. 配电网上的分相线路差动保护 [J]. 中国电力教育，2011（21）：104-105＋107.

[162] 羊积令. 适应深圳电网运行方式的 110kV 备自投逻辑改进 [J]. 科技创新导报，2015，12（28）：117-118，121.

[163] 纪静. 备用电源自动投入时电网动态过程分析与控制策略研究 [D]. 重庆：重庆大学，2007.

[164] 彭贞祥. 兰州石化变电站综合自动化系统设计 [D]. 天津：天津大学.

[165] 党鹏. 辽电配电网馈线自动化系统设计与分析 [D]. 保定：华北电力大学，2015.

[166] 王哲，葛磊蛟，王浩鸣. 10kV 配电网馈线自动化的优化配置方式 [J]. 电力系统及其自动化学报，2016，28（3）：65-70.

[167] 高孟友. 智能配电网分布式馈线自动化技术 [D]. 济南：山东大学，2016.

[168] 雷杨，李朝晖，饶渝泽，等. 集中型馈线自动化实用化应用优化策略分析 [J]. 湖北电力，2017，253（12）：9-14.

[169] 曾照新. 配电网馈线自动化技术研究 [D]. 长沙：湖南大学，2013.

[170] 冉王星. 带小电源变电站备自投装置的运行分析 [J]. 中国战略新兴产业,2017,40 (124):234-234.

[171] 田肖艳. 基于配网结构自愈系统的研究与应用 [D]. 上海:上海交通大学,2014.

[172] 王林富,王彦国,邱方驰,等. 配网"三供一备"主接线保护控制方案 [J]. 农村电气化,2018 (10):14-17.

[173] 贾承龙. 变压器、断路器状态检修策略及应用 [D]. 保定:华北电力大学,2013.

[174] 董坚. 安吉县皈山场村低压配电网规划研究 [D]. 北京:华北电力大学,2016.

[175] 马林. 基于配电层供电可靠性的新蔡县配电网发展规划 [D]. 郑州:郑州大学,2018.

[176] 舒印彪. 配电网规划设计 [M]. 北京:中国电力出版社,2018.

[177] 赵迪. 某汽车客运站电气设计与研究 [D]. 西安:长安大学,2014.

[178] 郑美海. 低压成套开关设备结构设计中有关动稳定性能设计的探讨 [J]. 电气制造,2014 (01):34-35.

[179] 倪江楠,焦欣欣,吕俊霞. 预防断路器常见故障的技术措施 [J]. 精密制造与自动化,2017 (01):59-62.

[180] 何荣,王井钢. 高压断路器的选择和使用 [J]. 电工技术,2001 (8):36-37.

[181] 孙霞. 高压断路器状态监测技术研究 [J]. 中国科技信息,2014 (9):210-211.

[182] 曲仪昂. 高压电器选择在变电所电气设计中的重要性——以某 35kV 降压变电站继电保护设计为例 [J]. 企业技术开发,2012,31 (8):104-105.

[183] 李睿. 城乡配电网中单相供电系统设计 [D]. 北京:北京交通大学,2012.

[184] 程谋毅. 氢压机主电动机电流互感器的选择及应用 [J]. 低压电器,2002 (5):54-57.

[185] 盛才超. 电能计量中互感器引入的综合误差浅析 [J]. 建筑电气,1996 (3):20-22.

[186] 兰晓桐. 地下车库级服务用房建筑电气设计与实践 [D]. 晋中:山西农业大学,2015.

[187] 张作鹏. 基于全寿命周期理论的智能变电站设计 [D]. 上海:上海交通大学,2015.

[188] 顾艳,张斌. 110kV 干式非晶合金变压器的应用 [J]. 华东电力,2009,37 (8):1335-1336.

[189] 冯军. 上海电网若干技术原则的规定(第四版)[M]. 北京:中国电力出版社,2014.

[190] 冯军. 国网上海市电力公司配电网工程通用设计图集(2014 版)[M]. 北京:中国电力出版社,2014.

[191] 张博. 电线、电缆选择的原则、方法与技巧 [J]. 自动化应用,2017 (2):63-64,84.

[192] 钱银其,赵国梁,彭冬,等. 20kV 电压等级供电技术的应用 [J]. 电气应用,2010,29 (13):16-19.

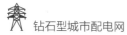

［193］ 秦剑. 太原地区配电网规划研究［D］. 北京：华北电力大学，2016.

［194］ 江成. 110kV自愈系统在变电站的应用分析［J］. 大众用电，2021，36（5）：32-33.

［195］ 蔡剑锐. 包头新都市区世纪220kV变电站电气部分设计［D］. 长春：长春工业大学，2019.

［196］ 张作鹏. 基于全寿命周期理论的智能变电站设计［D］. 上海：上海交通大学，2015.

［197］ 夏亮. 浅谈当前老旧小区供电可靠性改造［J］. 低碳世界，2017（33）：132-133.

［198］ 侯运红，郭亚昌，苗梅. 变电站直流系统配置方案的探讨［J］. 山西电力，2009（6）：62-64.

［199］ 罗文杰. 变电站直流电源配置浅析［J］. 广东输电与变电技术，2011，13（1）：26-28.

［200］ 国家电网公司. 国家电网公司输变电工程通用设计 35kV～110kV智能变电站模块化建设施工图设计［M］. 北京：中国电力出版社，2016.

［201］ 李霁轩. 智能配电网无线通信业务调度研究［D］. 南京：东南大学，2017.

［202］ 郭政纯. 江苏电力通信光传输网需求预测与组网方式研究［D］. 南京：东南大学，2019.

［203］ 曹津平，刘建明，李祥珍. 面向智能配用电网络的电力无线专网技术方案［J］. 电力系统自动化，2013，37（11）：76-80，133.

［204］ 张波. 阿克苏市配电网自动化设计［D］. 保定：华北电力大学，2017.

［205］ 苏传坤. 配电网网格化优化规划方法研究与应用［D］. 郑州：郑州大学，2018.

［206］ 中国电力工程顾问集团有限公司，中国能源建设集团规划设计有限公司. 电力工程设计手册（变电站设计）［M］. 北京：中国电力出版社，2019.

［207］ 国家电网公司. 分布式电源接入系统典型设计［M］. 北京：中国电力出版社，2014.